在吃苦的年纪，做拼命努力的自己

骆美辰　编著

中国纺织出版社

内容提要

没有任何人生而成功，每个人从呱呱坠地开始，就要为了实现自己的梦想，获得自己想要的人生而不懈地努力。在坚持的道路上，总有人三心二意、东张西望，实际上，成功从来没有捷径，在找到正确的方向后，一味地坚持才是王道。

很多年轻人都对人生感到不满意，觉得自己既没有得到想要的一切，也没有真正超越和实现自己的人生。其实，这个世界上既没有天上掉馅饼的好事情，也没有一蹴而就的成功，每个人都要在吃苦的年纪拼命努力，才能彻底改变自己的命运，获得成功的人生。

图书在版编目（CIP）数据

在吃苦的年纪，做拼命努力的自己 / 骆美辰编著.
--北京：中国纺织出版社，2018.8（2019.8 重印）
ISBN 978-7-5180-5071-0

Ⅰ.①在… Ⅱ.①骆… Ⅲ.①成功心理—通俗读物
Ⅳ.①B848.4-49

中国版本图书馆CIP数据核字（2018）第112086号

责任编辑：闫　星　　特约编辑：王佳新　　责任印制：储志伟

中国纺织出版社出版发行
地址：北京市朝阳区百子湾东里A407号楼　邮政编码：100124
销售电话：010—67004422　传真：010—87155801
http：//www.c-textilep.com
E-mail：faxing@c-textilep.com
中国纺织出版社天猫旗舰店
官方微博http://weibo.com/2119887771
三河市宏盛印务有限公司印刷　各地新华书店经销
2018年8月第1版　　2019年8月第2次印刷
开本：710×1000　1/16　印张：13
字数：117千字　定价：36.80元

前言

拿破仑曾经说过，每个人都是在苦难中成长起来的，也可以说，苦难是人生的土壤，能够滋养人生。实际上，苦难并非是一个贬义词，往大里看，苦难孕育了人生，往小里看，苦难是我们在人生之中经历的各种坎坷与挫折，是人生中酸甜苦辣的调味剂，不可或缺的人生经历。

每个人都希望人生是一帆风顺、顺遂如意的，实际上，这样的美好梦想根本不可能实现。任何时候，苦难都是一笔财富，让人生变得厚重。如果人生始终是非常美好的，就会显得轻飘飘，根本没有任何成功的可能性。还记得新生儿呱呱坠地的第一声宣告吗？就是哭泣。响亮的哭泣，让新生儿骄傲地向这个世界宣布自己的到来，哪怕是新生儿不哭，医生也会将其打哭，也就由此奠定了人生的基调。没有人能够笑着来到这个世界，唯有战胜困难，才能获得新生。

一个人，如果在生活中始终顺心如意，那么他就无法获得真正的成长。越是艰难而又辛苦地生活，才能让我们尽情面对挫折和失败。细心的朋友会发现，古往今来有所成就者，无一不是能够战胜人生的艰难坎坷，才能扭转命运的局势，获得成功的。例如古时代勾践卧薪尝胆，最终战胜吴国；司马迁遭遇宫刑，还坚持完成《史记》，才能名垂千古。很多朋友都曾经读过《假如给我三天光明》，也知道海伦因为小时候的一场疾病变成严重的视听障碍儿童，但是却从未放弃对人生的努力，不但读完大学，而且还写出了很多自己的作品，也成为激励全世界很多人的正能量使者。

古诗云：离离原上草，一岁一枯荣，野火烧不尽，春风吹又生。它告诉我们，作为温室里的花朵，一定会适应温室里的环境，而无法适应残酷的外部环境。所以对于每个人而言，都要让自己成为生命力顽强的野草，这样才能在顽强的斗争中，不断地激励自己奋发向上，增强自己的生命力，甚至创造生命的奇迹。总而言之，每个人要想主宰命运，都应该成为生命的强者，一旦在残酷的现实面前完全放弃梦想，就会变得越来越怯懦，也会最终导致人生失去未来和希望。

古人云：生于忧患，死于安乐。很多人都羡慕成功者的风光无限，却很少有人想过成功者在成功背后，到底付出了什么。现代社会变得越来越浮躁，很多年轻的朋友总是对人生心怀不满，甚至怨恨自己的爸爸为什么不是马云。实际上，即使你的爸爸真的是马云，你也依然会有很多新的烦恼。记住，没有任何人的人生是一帆风顺的，也没有任何人的人生是绝不会走弯路的。

在这个世界上，对于每个人而言最公平的就是时间。财富也许重要，却不能取代一切，唯有时间，才能帮助我们真正把握人生。在应该吃苦的年纪，千万不要贪图安逸，唯有趁着自己此时此刻还年轻，充满热情与激情，也有胆识和魄力，努力去奋斗，放手为未来拼搏，我们才能给自己一个更好的交代。

编著者

2017年12月

目录

第01章

你只是看起来很努力

常言道，青春就是最大的资本，正是在这句话的鼓励下，很多年轻人都挥霍青春，也鼓起无限的勇气不断尝试着挑战青春。所谓生命不息，奋斗不止，但一些年轻人的生命力把这句话活生生地演绎成了生命不息，折腾不止。然而青春总是会悄然流逝，生命不会永远年轻，每个人在大自然的威力面前都会无可奈何地老去，从满头青丝到白发苍苍，这其中的感慨和无奈，又有谁能够知道呢？要想让人生充实无悔，我们就必须抓住青春的年华努力奋斗，要知道安逸从来与青春无缘。

此时此刻，你最不用考虑安逸

很多初出茅庐的大学生在离开象牙塔之后，跌跌撞撞就来到了残酷的职场上。他们还没有认清自己身处何种境地，就四处询问自己未来应该怎样走好人生之路，或者应该从事哪些工作才能取得更好的发展。实际上，这样的提问未免有些投机取巧的意味，因为成功向来没有捷径，更不可能一蹴而就，对于每一个初入社会的年轻人来说，与其问来问去，还不如努力去做。因为只有自己才知道自己真正适合做什么，而只有在真正去做并且不断尝试的过程中才能找到最适合自己的人生之路。

遗憾的是很多年轻人都眼高手低，他们既想得到一份轻松的工作，又想得到很高的报酬，还想让自己活得体面。不得不说，世界上哪有这样的好事情，如果真有这样的好事，只怕连上帝也会羡慕不已吧。要想拥有充实而又精彩的人生，年轻人在面对就业选择的时候就理所应当地更加勇敢大胆。毕竟人生的道路是自己闯荡出来的，而不是天生就有的。很多年轻人为了追求稳定，想方设法挤破脑袋想要进入国企或者事业单位，然而这样的人生真的是你想要的吗？如果一个人每个月工资上万元，但是收入不稳定，而另外一个人每个月只挣两千，但是很稳定，那么这样的稳定真的能够提高你生活的质量和生存的层次吗？实际上，现在社会已经没有真正意义上的铁饭碗，存在的只是相对稳定而已。每个人真正的保障，是自己的能力和水平，是自己的实力。

年轻人不要以稳定的程度来判断一份工作的好坏，而要鼓起勇气让自己勇敢面对未知的未来。要知道，如果人生一眼望到头，总是以同样的日子重复下去，那么也就失去了人生的意义。尤其是有着人生最大资本的年轻人，更不要把稳定作为择业的首要条件。年轻人也许跌跌撞撞一路走来会吃很多苦，但是这样的经历恰恰是非常珍贵的。年轻人应当把目光放得长远一些，不要总是盯着眼前的这点收入，而应该更加积极主动对生活出击，避免被动和茫然。当然也不能怪年轻人贪图安逸，毕竟刚从大学校园中进入社会，每个人都有不同的观点，对于人生也有不同的憧憬，所以年轻人要开阔眼界，尤其是在大学校园中就要让自己站得更高看得更远，这样才能对人生有长远的规划。

每个人对于成功都有不同的定义，对于人生也为自己设定了独具一格的目标。然而，生命并不会总是让人如愿以偿，在突然之间，人生会发生各种各样的变化。一个真正的强者，能够以从容的心态面对人生中的各种改变，从来不轻易放弃。他们的字典里向来没有“安逸”二字，趁着年轻正好，趁着风华正茂，他们总是努力地打拼，不懈地付出。

有些人羡慕他人在工作中的安逸清闲，却不知道这样的工作岗位是最容易被代替的。一个人必须具有核心竞争力，才能让自己变得不可替代，才能在青春正好时，成功地激发出生命的潜力，实现生命的璀璨和辉煌。这个世界上没有从天而降的馅饼，也没有一蹴而就的成功，每个人只有努力付出，才能得到自己想要的一切。

当你拒绝成为大多数

现实生活中，很多人都希望自己变得与众不同，然而人是群居动物，大多数人都要从他人那里寻求认同感，当一个人成为大多数人眼中的另类，那么他还能坚定不移地坚持做最真实的自己，而不管别人怎么说或者怎么看吗？也许很多人暂时能够做到特立独行，但是对于大多数人而言，说起来也许容易但是真正做到却很难。当你拒绝成为大多数，你就要面临人生中很多的流言蜚语，也要面临他人不解的目光，当你拒绝成为人生中的大多数，你会因此而变得孤独。甚至不知道如何展开自己的人生。

现实生活中最常见的与众不同，大概就是男大不当婚，女大不当嫁。这是因为现代社会人的生活节奏越来越快，而且高层次的文化教育也让人对生活有了更多的感悟和追求，因此很多年轻人都选择单身。在没有遇到对的人之前，他们不愿意委曲求全，盲目地投入婚姻之中，从本质上这也其实是对自己负责的态度。然而偏偏现实生活中有太多的七大姑八大姨甚至是不相干的陌生人，看到他们就会指指点点，觉得他们似乎因为不结婚就成了怪物。当你拒绝成为大多数，你究竟要怎么做才能始终坦然地坚持自己呢？

佳佳已经30岁时，还没有恋爱。每当提起佳佳的婚姻大事，父母总是非常着急，恨不得当天就能解决佳佳的终身大事，把佳佳嫁出去。但佳佳对此总是很淡然，她对爱情有着自己的憧憬，也不愿意因为仓促而委屈自己，为此她总是对父母说：“我一定会等到自己的真命天子，或者我就算自己一个人度过这一生，也依然逍遥自在。”面对佳佳的回答父母总是感到很无奈。转眼之间，又几年过去了，佳佳已经到人生中的第三个本命年。已经36岁的佳佳让父母再也无法忍受，他们给佳佳下了最后通牒：如果半年之内不结婚，那么老两口就要游走天涯，再也不回到佳佳的身边。尽管佳佳知道父母说的都是气话，但是她也不想让父母做出过激的举动，尤其是看到身边的女性朋友都已经结婚生子，有的都有了二胎，佳佳也有些着急。她从坚定的不婚主义者变成恨嫁女，把除了工作之外的时间都用于相亲了。

再有亲戚朋友给佳佳介绍相亲对象，佳佳从不拒绝，除了上班的时间，她把其他时间都用来相亲，而且不管相亲对象如何，她都抱着宁可错杀一千也不可错过一个的心态，全部亲自去见。她似乎迫不及待想要遇到自己今生的缘分，有时佳佳甚至要赶场好几个相亲约会。为此，她感到心力憔悴。在进行了几十场相亲之后，佳佳最终泄气了。她告诉自己：“这个世界上根本没有绝对完美的男人，也没有最适合我的那个人。我就不要过于苛刻了，找一个差不多的人把婚结了就完美了。”就这样。佳佳在坚守了十几年之后，终于缴械投降，和一个不让她讨厌的男人结婚了。这样仓促的结婚使得佳佳婚后的生活后患无穷，她与那个男人之间根本没有深入的了解对方，突然在一个屋檐下生活，彼此之间总是矛盾重重。才半年过去，佳佳就不得不选择离婚，独自回到了悠哉悠哉的单身生活。这让佳佳觉得很自在，看到佳佳的处境，亲戚朋友们再也不催着她结婚了。父母也想明白了，总是安慰佳佳：“不要着急，慢慢等总会遇到合适你的人。上一次的婚姻就是因为太着急了，所以才遭遇失败。哪怕你一辈子不结婚，爸爸妈妈也陪在你的身边，放心吧！”

在这个事例中，作为单身主义的佳佳总是引起民愤，不管是七大姑八大姨还是身边的邻居、朋友、同事，或者只是不相干的陌生人，看到她三十多岁了还形只影单，都对她指手画脚、戳戳点点。然而在经历了半年的短暂婚姻之后，佳佳离婚变成了单身，大家却不再对佳佳指指点点了。这难道不是一种很奇怪的心态吗，人们能够接受一个单身离婚的女人，却不能接受一个为了等待爱情而坚持独身的女人。佳佳最终没有抵得过世俗的眼光，选择了仓促的结婚，也让自己理所当然、名正言顺地成为离异女性，成为世人眼中更正常的人。

一个人要想拒绝成为大多数人的样子，实在需要很大的勇气和坚强的信念，否则世俗的力量就会让他妥协。实际上，每个人都应该是人生的主宰，不要让自己的人生任由别人品评，而要坚信自己的选择就是正确的。归根结底，他人哪怕再怎么设身处地，也不可能真正了解我们的处境，所以与其向他人妥协，不如坚持做最真实、最美好的自己，这样才是对自己的人生负责。

你是在奋斗，还是在退休

现代社会各种通信技术非常发达，使人们之间的信息传递速度更快，几乎达到了即时的地步。一个人如果正在九寨沟旅行，那么几乎转瞬之间所有认识和熟悉他的人都会通过朋友圈看到他的最新动态。有的人会吃不到葡萄就说葡萄酸，觉得去九寨沟旅行也没什么大不了的，有的人则会羡慕妒忌再加上恨，心中愤愤不平。从这个角度而言，朋友圈已经完全变了味道，成了炫富场所。实际上，每个人都有自己的生活，我们既没有必要把自己的人生摆在朋友圈里任人品评，也没有必要对他人的生活发表各种评论。记住，不管你活得好不好，也不管你所需要的是什么，无论别人羡慕你的生活还是厌恶你的生活，都无法改变你真正的人生，而只有你自己才是人生的主宰。

如果有一种方法能够识别朋友圈中所发消息的真假，或者是要求每个人在朋友圈里都只能发自己的真实状态，那么你就会发现朋友圈发生了翻天覆地的变化。曾经的光鲜亮丽，转眼之间浮华褪去，变成了枯燥乏味的生活；曾经的幸福也黯然失色，成为了每个人都有苦恼的本相。而要想真正让朋友圈回归真实，每个人就都应该意识到生命是属于自己的，生活也是带有个人的深刻烙印的。一个人也许可以伪装短暂的时间，但绝不可能永远伪装人生，尤其是在节假日的时候，在朋友圈里我们几乎就可以游遍世界，有的朋友在马尔代夫，有的朋友在新西兰，有的朋友正在进行游艇上欣赏风景，有的朋友在阿尔卑斯雪山上晒照。然而，当你在楼下的小超市打酱油，却不小心遇到了那个正在马尔代夫旅游的朋友时，不要感到惊讶万分。

对于人生的状态，每个人都有自己不同的渴望和憧憬，有的人希望人生璀璨夺目，有的人希望人生平淡，岁月静好。这就像每个人都有不同的人生目标一样，每个人对人生的理解和感悟也截然不同。当正值年轻的时候，我们都应该努力奋斗，因为只有今日辛苦付出，我们在未来才能得到更多的回报。反之，如果人生始终保持轻松悠闲的状态，那么吃苦的日子就会在后头，这样一来人生必然更加艰难。就像很多人都吃过黄瓜，是先吃带花的那头，还是想先吃长蒂的那头呢？有的人选择先从苦涩的那头开始吃，吃着吃着就越来越甜了，有的人选择从长蒂的那一头开始吃，吃着吃着就越来越苦了。对于人生的安排，也有这样截然不同的选择，人生既不会一直苦下去，也不会永远甜蜜，就像付出也许没有回报，但是不付出就一定没有任何回报。所以对于人生，年轻人有年轻作为资本不断尝试，但是青春不会永驻，在该奋斗的时候就要奋斗，在该退休的时候才有轻松悠闲的生活可以度过。

生活中很多人对于人生怨声载道，总觉得自己没有得到人生的馈赠，而实际上命运是公平的，它从来不会特别偏爱一个人，也不会故意与一个人过不去。与其羡慕那些成功者的光环，我们不如先想想成功者为何能够拥有今日的成就，是因为他们总是能够走过人生的坎坷逆境，哪怕面对挫折也决不放弃。他们勇敢无畏，所以才能在人生中获得成功。对于大多数普通而平凡的人而言，人生并不会有太大的波澜起伏，生命就在日复一日的重复中渐渐地进步。但是如果不努力，生命就会变成日复一日的简单重复，最终使得人生枯燥乏味，无法忍受。

大学毕业后，乔乔回到家乡当了一名小学教师，而她在大学里的闺蜜静静则去了大城市独自打拼。最初的那几年，静静在大城市生活艰难，住着地下室，连手机信号都没有，每天挤着公交车去上班，只能拿着微薄的薪水。乔乔得知静静的情况后抱怨静静："看看吧，你为何要在大学毕业后去大城市生活呢，像我一样在老家当老师不是很好吗？学校里有宿舍住，每天两点一线的生活，根本不用操心。"

十年的时间过去，静静已经在大城市站稳了脚跟，不但在工作上风生水起，而且买了房子车子，成立了家庭，过着幸福的生活。再见面的时候，乔乔就像一个农村的妇人，而静静则是大城市的摩登女郎，不但眼界开阔，而且气质也大不相同。这个时候，轮到乔乔羡慕静静了："当初幸亏你离开家，没有来学校当老师，否则就像我一样过着死气沉沉的生活。我觉得我现在的日子一眼就能看到死，我知道我八十岁之后还会过着这样的生活。"静静笑着说："每种生活都各有各的好，你的这种安稳，我的则需要不断地打拼。也许当初你跟我一样出去，反而承受不了巨大的压力呢！所以就不要抱怨了，每个人都有自己的选择，你就当自己现在已经退休了吧。”乔乔怨声载道：“我还真是跟退休的状态差不多，我现在就是在混日子，而且一想到自己未来的一生都会这样度过，我就觉得很绝望。”

对于很多人而言，大学毕业就像一个分水岭。离开校园，大家各奔东西，选择不同的工作，也从而决定了自己的人生。有的人喜欢安稳的生活，因而对待生活总是非常淡然；有的人喜欢充满刺激和追求的生活，所以从来不会对生活感到满足。正是欲望，激励他们不断向前。当然，这样的欲望是对人生的渴望，而不是纯粹的物质需求。很多人爱折腾，并非只是为了赚取更多的钱，也是为了改变自己的生活，让自己的生活充满动力。

正如事例中静静所说的，每种生活都有每种生活的好。也许在艰难的时刻，静静很羡慕乔乔的安稳。但是在努力拼搏之后，乔乔却羡慕静静的光鲜亮丽。既然做出了选择，人生也就没有必要后悔。换一个角度而言，要想避免人生不后悔，就要趁着年轻努力奋斗，而不要总是身心懈怠，对凡事都提不起精神来。总而言之，作为年轻人，此时此刻离退休还远着呢。如果现在就过上退休的生活，就会导致人生的前景黯淡。要想拥有精彩充实的人生，就一定要趁着年轻努力改变自己和充实自己，从而让自己的人生变得与众不同。

仅靠羡慕，并不能如愿以偿得到一切

生活中，我们总是羡慕那些成功者，觉得他们看起来光环加身，命运似乎总是特别偏爱他们，让他们轻而易举就能得到自己梦想的一切。然而，实际上这些成功者不但不比普通人顺遂，甚至遭遇了比普通人更多的折磨和磨难，他们之所以最终能够获得成功，是因为他们从困境中挣脱出来，超越了自我，所以才能拥有与众不同的人生。

现代人总是把羡慕妒忌与恨联系在一起，由此可见羡慕的情绪并不纯粹是对他人的艳羡，而有可能夹杂着妒忌与恨的情绪。从心理学的角度而言，羡慕不是一种积极的情绪，反而有可能引起负面的影响，所以只通过羡慕我们并不能得到自己想要的一切，与其花费宝贵的时间去羡慕他人，我们还不如努力提升自己，让自己变得更加强大。常言道，一份耕耘一份收获，有的时候付出未必能有收获，但是不付出却一定毫无所获。既然如此，我们为何不努力付出，让自己拥有更多的可能性呢?

你不可能靠羡慕就获得自己想要的一切，所以你必须从现在开始就奋发图强，真正迈出人生的第一步。这样你才能在不断努力和尝试的过程中给自己寻找更多成功的可能，否则你就会遭遇失败的人生。当然，既然羡慕不能让人得到一切，我们就应该摆正自己的心态。很多朋友在小有成就之后，总是肆无忌惮地炫耀自己，殊不知招来别人羡慕的同时，也同时招来了妒忌，对自己并没有一点点的好处。无论如何，生活都是自己的，不管过得好与坏，我们都要独自去承担，至于他人是羡慕我们的生活还是鄙视我们的生活，对于我们来说并没有那么重要。与其把时间和精力白白浪费，我们不如全心全意过好自己的日子，这样才对自己负责的人生态度。

乔乔非常羡慕静静现在的生活，她对于静静的一切表现都感到非常新奇。尤其是在春节假期静静一家三口回家的时候，乔乔觉得像静静这样从远方回到家里是一种衣锦还乡的感觉。因此，乔乔对于自己的生活越来越不满意，她知道自己一生都要过这样的日子，在学校和家之间两点一线，她也知道自己如果不能改变，那么就只能接受现实。思忖良久，乔乔还是无法鼓起勇气做出决定，因为她已经习惯了现在颓废的生活，也怕自己没有足够能力出去打拼。

看到乔乔这么痛苦的样子，静静直截了当地说："你如果羡慕我的生活，你就马上改变，毕竟你现在只有三十出头，还可以努力去打拼。如果你只是一味地羡慕，而不做出任何改变，那么等到十年之后，你已经四十多岁，你的一生就真的彻底定型了。"在静静的激励下，乔乔最终痛下决心辞掉工作，为了避免父母阻止，她还瞒着父母，直到到达静静所在的城市，她才给父母打电话报了平安。当然乔乔并不是盲目这么做的，她已经和爱人商量好，等到她站稳脚跟安顿下来，爱人也会辞掉工作带着孩子来投奔她，一家三口在大城市团圆。

初来乍到陌生的地方，幸好有静静照顾，否则乔乔真觉得自己应付不来吃饭和住宿的问题。尤其是乔乔得知每个月的房租都要几千，因而更加感激静静。静静对乔乔说："我可不会一直收留你，我只能收留你一个月。在这一个月的时间里，你每天都要四处奔波找工作，一旦工作的问题确定下来，你就从我家搬出去过自己的生活。”乔乔说：“当然。你能给我一个月的时间，我已经非常感激了，至少我不会在熟悉这个城市之前露宿街头。可想而知，当初你自己来到这个城市是多么艰难。你是我的先锋，所以我现在才能像现在这样踏实。”这几年，乔乔度过了人生中最艰难的时刻。她总是感谢静静：“是你让我拥有了如此充实的生活，我现在觉得在老家度过的十年，简直就是在浪费人生。”当然，大城市的生活虽然精彩，压力也很大，乔乔和老公不得不每天都很辛苦地工作，才能维持家庭的开销。然而乔乔觉得一切都是值得的，毕竟她的孩子现在可以在大城市生活，眼界开阔，也得到了更好的教育和医疗的机会。

常言道，树挪死，人挪活，对于每个人而言，人生不可能永远钉在一个地方。要想看到不同的风景，体会不同的精彩，人们就要努力让自己活泛起来，这样才能不断进步。事例中的乔乔，如果不是在静静的鼓励下勇敢地辞掉工作，那么她的一生也许都要在家乡的小县城里度过，生活在方圆十几里的范围内。幸好乔乔还算是有决心的，她能够勇敢地做出决定，迈出人生中关键的一步，从而让人生变得不同。

一味地空想就像白日梦一样，哪怕是每分每秒都在幻想，也并不能真正改变什么。一个人要想真正掌控自己的命运，主宰自己的人生，就要当机立断马上做出行动，这样才能最大限度发挥自身的能力，也才能知道人生有多少的可能性。有的时候生命中的机会转瞬即逝，一味地牢骚和等待并不能抓住机会，唯有随时做好准备在机会到来时抓住机会，才能让人生变得大不相同。

把自己活成一道亮丽的风景

在大千世界中，总有人坐在桥上看风景，却不知道自己也是别人眼中的风景。人人都想把自己活成最亮丽的风景，然后在漫长而又坎坷的人生中，想让自己知道风景看起来能够赏心悦目已经是很不容易的事情。

人生的艰难，只有每一个真正活过的人才知道。对于人生而言，能够成为亮丽的风景当然好，如果不能成为亮丽的风景，那么就注定只能活成普普通通的样子。即便如此，也要成为自己的风景，而不要总是装点他人的生活。要知道，在这个世界上没有谁离了谁是活不下去的，所以一个人既不能妄自菲薄，也不能妄自尊大，只有始终保持最好的姿态面对生活，才能活出属于自己的精彩。

早在大学期间，苏珊就与男朋友认识了，并且很快坠入了爱河。然而在大四的时候，苏珊和男朋友回家拜见父母，却被未来公婆嫌弃。他们觉得苏珊的专业不好，很担心苏珊未来找工作困难，又觉得苏珊的家是农村的，经济条件不太好，因而担心会给自己的儿子增加负担。虽然爸爸妈妈反对儿子和苏珊谈恋爱，但是儿子很坚持，他们也没有办法。就这样，苏珊和男朋友继续在一起。

大学毕业后，苏珊就业果然遇到了很多困难，足足过了半年才找到合适的工作。在此期间，未来的公婆一直在男友面前说苏珊不好，幸好男友坚持他们才能一直在一起。然而好景不长，就在他们准备结婚的时候，她所在的公司突然倒闭，这使得苏珊不得不面临失业的窘境，也使未来的公婆更加恼火。他们担心苏珊未来工作不稳定，使儿子支撑整个家庭更加疲劳。这一次，苏珊决定不再忍让，她主动向男朋友提出了分手，因为她不想一辈子都被未来的公婆瞧不起。

分手之后，苏珊没有自暴自弃，她利用失业的时间报名参加了培训班，学习相关的技能，提升自己的能力。后来，她找到了一份很好的工作，虽然是从公司基层的工作做起，但是她不断努力，很快就做到了公司的中层管理者。这个时候，苏珊的前男友还没有找到新的爱人，他又开始追求苏珊。苏珊也很爱男友，她只是与未来的公婆赌气才选择了分手，如今她终于有了资本可以名正言顺地和男友谈恋爱，也可以把自己的高薪甩在公婆面前让他们知道她已经远远超过了他们的儿子。就这样，苏珊高调与男友复合，而且很快步入婚姻的殿堂。结婚后，苏珊和男友过着幸福的生活。看到苏珊成为不折不扣的女强人，公婆也无话可说，甚至打心眼里佩服苏珊。

如果苏珊不能证明自己，那么虽然她可以拥有爱情，却总是会被公婆鄙视。当然，爱情是需要经得起风浪的，也不能因为公婆的反对就决定分手，只不过苏珊想先证明自己，所以在拥有好工作和高薪水之后，苏珊又接受了男朋友的追求。不得不说，在爱情中能有这样的姿态，的确让人羡慕嫉妒和佩服。

很多年轻人都无法面对人生中的坎坷和挫折，尤其是在面对感情的时候，他们总是觉得自己卑微到尘埃里。从本质上而言，爱情之中应该不分高下，只有真正地平等，才能让爱情生根发芽，开花结果。在爱情之中，不仅女人要提升自己的地位，要让自己变得更有资本和底气。在现实生活中，年轻人在大学毕业后也要努力争取把自己活成最亮丽的风景。遗憾的是，现在社会很多年轻人从小就接受父母无微不至的照顾，也因而无形中更加依赖父母，他们往往对于自己的人生没有主见，也不能做出主动选择，而总是依赖父母。其实父母并不是无所不能的神，他们虽然为了孩子好，但却会过多地考虑孩子的物质和经济条件，而忽略孩子的兴趣和天赋。

万水千山走过，你才有资格转身离开

谈起人生的理想，曾经有人说最大的理想就是希望自己拥有身心自由，拥有财务自由。当然财务自由是可以理解的，因为人的欲望是永无止境的，有更多的财富，因而财务自由就意味着拥有足够用的金钱，在做任何购买决定的时候都能毫不犹豫。实际上，财务自由相对而言是更容易实现的，毕竟世界上一切能用钱解决的问题都不是最难的问题。对于每个人而言，最大的难题是如何实现身心的自由。在人生之路上，有几个人能够做到完全随心所欲，游刃有余呢？一个人要想真正主宰自己的命运，掌控自己的人生，就必须努力提升自身的能力，这样才能让自己享有绝对的自由。

在现实生活中，很多人都存在一定的误解，看到那些功成名就光鲜亮丽的人，他们总会误以为这些人有着与众不同的背景，甚至还有着非常强力的支持和后援。然而这些人非但没有得到命运的青睐，也不曾拥有不劳而获的资本，而且还都是完全凭借自己的努力白手起家的成功者。他们之所以能够成功，并不意味着他们拥有更多，而是因为他们能够努力为人生付出。哪怕面对人生的艰难和坎坷，他们也绝不轻易放弃，而是最大限度发挥自身的能力，提升自身的水平，从而战胜困境，超越自我。

这个世界上没有不劳而获的事情，也没有一蹴而就的成功，任何人要想拥有充实的人生，都要非常努力。哪怕一个人真的是富二代，也不可能完全依靠父母度过一生。对于每个人而言，只有个人不断奋斗和崛起，才能让人生截然不同。不知道从何时起，这个时代变得越来越复杂，大多数人的心态都更加浮夸。他们觉得一个人只要有所成就，就一定是得到了某种帮助或者是得到了命运的青睐，实际上这是在为他人的成功找借口，恰恰是我们走向人生失败的第一步。如果我们能够正视他人的成功，也积极努力地向他人学习，弥补自身的不足，那么我们就能真正获得成功。总而言之，人生从来不是轻而易举就能获得成功的，唯有跨越千山万水，我们才能到达人生的巅峰。

中国传统的教育观念就是望子成龙，望女成凤，大多数父母总是教育孩子一定要获得成功，一定要实现人生的目标，一定要完成自己的计划，一定要……其实很多事情你只能做到尽力而为，却不能左右结果。

当你明白一切事情并非会不同你所想的那样一帆风顺，你会怎么做呢？当你真正尽心尽力，你会坦然转身离开，面对自己人生的目标即使不能企及，也可以问心无愧地说“我努力过”“我已经最接近目标”，即使离去，你也不会觉得遗憾。

人人都在拼命逃避失败，寻求人生的成功。从某种意义上而言，人生并非只有一条成功的路，正如西方一句谚语所说，条条大路通罗马，对于人生的成功，人们可以通过各种不同的方式取得。此外，每个人对于成功的定义也都是完全不同的，有人觉得成功是赚取更多的钱，有人觉得成功是获取更高的职位，还有人觉得成功就是一生之中平静安然，波澜不惊。不管每个人对于成功的定义是怎样的，只要为了实现人生的目标而不懈努力，就是问心无愧的。

要想在人生中坦然离开，还要注意不要让自己过于偏执和固执。人生中的成功绝没有固定的模式，即使对于同一个人来说，人生也会有高低起伏。所以在面对结果的时候，如果结果不如意，也不用怅然若失。因为这就是命运的安排。只要你尽力了，一切的结果都是可以接受的。然而，如果你没有尽力，或者你觉得自己还没有做到最好，那么你就会对此感到遗憾。所以对于年轻人而言，最重要的是尽力而为，而不是陷入遗憾和徒劳抱怨之中。

第02章

无趣的人生，是在浪费生命

人生是一场没有归途的旅行，没有人知道人生的长短。然而，既然我们无法决定人生的长短，也不能决定生命的延续，那么我们可以决定拓宽生命的宽度，增加人生的面积，让人生变得更充实。对于任何人而言，毫无意义的人生都是在混日子，只有把生活过得充实华美，人生才会充满意义。

方向，决定人生的未来

对于人生，每个人都会有不同的设想，有的人觉得人生就应该是辉煌夺目的，有的人觉得人生就应该是从容淡然、岁月静好的。现实生活中，总是有人抱怨命运不公平，他们感慨那些成功的人得到了命运的偏爱，而自己虽然整日忙忙碌碌，却始终没有得到应得的回报，遭遇了命运不公平对待，所以才会是被失败纠缠，无法摆脱失败的厄运。实际上，他们只看到成功者光鲜亮丽的一面，却从未看到过成功者在成功背后所付出的努力。这个世界上没有免费的午餐，更没有从天而降的成功，一个人要想获得成功，必须首先确定方向，然后再持之以恒地努力，才能让人生卓有成效。

很多人都曾经读过《南辕北辙》的故事，故事中的主角虽然有着最多的盘缠、最结实的马车、最强壮的马匹，但是他并不能像自己坚信的那样一定能够到达目的地。这都是因为他的方向错了。当方向错了，一切的有利条件都会转化为最不利的条件，甚至会使人们越来越远离最初的目的地。人生的道理恰恰如此，一个人要想事半功倍，获得好的发展，就要目标、正确，这样才能让自己的人生效率倍增。否则，如果把目标都设定错误了，那么再怎么辛苦又有什么作用。现实生活中，很多人都会感到迷惘和困惑，觉得全世界都亏欠了自己，殊不知真正亏欠自己的并非是世界，而是自己。没有方向的努力是徒劳的，甚至还会起到完全相反的效果。当一个人无法分清楚工作与生活之间的关系，那么就会本末倒置，原本工作的目的是为了更好地生活，但是最终人们会被工作所累，完全迷失对生活的初心，也因此而陷入人生的困扰之中。

所以，朋友们，如果你发现自己很忙碌，生活过得充实，但是却毫无收获，那么一定要停下来匆忙的脚步，认真地想一想自己是否确定好人生的方向了。还有一些人总是把时间和精力浪费在那些不重要的事情上，结果导致生命进入毫无效率的状态，他们羡慕别人轻轻松松就能获得成功，却不知道别人总是目标明确。

作为中国四大名著之一，《西游记》为很多朋友所熟悉。大家也都知道西游记中有唐僧、孙悟空、猪八戒和沙和尚。孙悟空、猪八戒和沙和尚都是要保护师傅唐僧去西天取经的。在取经的路上，他们四个人相伴而行，实际上很像如今职场上的一个团队。而唐僧作为整个团队的核心人物掌握着整个团队的大方向，那就是始终向着西天前进。如果没有唐僧的领导，孙悟空哪怕再能干，也未必能够到达西天。

当然，在团队中，孙悟空也是不可或缺的。他武艺高强，为了团队的顺利行进而冲锋陷阵，做出了巨大的贡献。猪八戒看起来非常懒惰，不但贪吃贪睡，而且傻乎乎的，只有在与妖魔鬼怪打仗的时候，才帮助孙悟空。在这三个徒弟之中，只有沙和尚最为憨厚踏实，总是埋头苦干，任劳任怨，坚持挑着大家沉重的行李，一路走到西天。在这个团队中，仅从表面来看，三个徒弟各司其职，似乎谁都比唐僧更重要，都有自己的职责和不可取代的位置，然而实际上真正最重要的人是唐僧。虽然唐僧每天在徒弟们的保护下一路向西，他还因为心善总是会被妖魔鬼怪欺骗，给整个团队惹来大麻烦。看起来他丝毫不重要，但实际上他正是整个团队的灵魂和核心人物，因为他掌握着整个团队的目标。因为有唐僧的存在，整个团队才能始终保持凝聚力。有的时候孙悟空因为任性回到花果山，是唐僧央求观音菩萨把孙悟空找回来，为了能够降服孙悟空，观音菩萨还给了唐僧一个紧箍咒戴在孙悟空的头上。只要唐僧念起紧箍咒，团队中最无所不能的孙悟空就马上乖乖臣服。除了孙悟空之外，团队里的猪八戒和沙僧也曾经三心二意，不想继续跟着唐僧冒着危险去西天。然而唐僧却从未动摇过自己的信念，那就是去西天取经，所以他能够带领三个懵懂无知的徒弟一路向西，最大限度发挥团队的力量，最终实现目标。

由此可见，方向是非常重要的，不管是对一个人而言，还是对于一个团队来说，只有选择正确的方向才能保持动力，不断向前，才能拥有希望，获得成功。方向的正确与否是成功的开始，也是成功的结束，否则一旦方向错误，再大的本领都会成为通往成功的绊脚石，起到完全相反的作用，从而事与愿违。

生活中很多人总是目光短浅，他们盯着眼前的利益不愿意放手。

如果努力的方向错了，再辛苦的付出都会成为徒劳。一个人最重要的是开阔自己的眼界，让自己站得高看得远。人们常说心有多大，舞台就有多大，实际上，人们为自己确定的方向有多远，人生就能到达多远。有的人鼠目寸光，总是盯着自己的一亩三分地，那么他就永远只能面朝黄土背朝天；有的人野心勃勃，希望自己能够出人头地，去大千世界看一看，那么他未来的人生半径就会大很多。由此可见，心态的确决定很多事情，只有拥有好心态，才能确定人生的正确方向。人生从来不是一场赛跑，作为人生的运动员，我们最重要的不是极尽全力向前跑去，而是要先保持清醒和理智，为自己确定最佳的方向，这样才能让人生事半功倍。记住，和努力相比，方向永远都更加重要。

把种子埋进土里，让它生根发芽

一粒种子，只有找到适合自己的土壤才能生根发芽，成长为参天大树。然而，在真正插入云霄之前，这粒种子必须先忍受泥土中的沉闷，在潮湿阴暗的环境中待上很长一段时间。这就像黎明前的黑暗，只有等到黎明划破黑暗，阳光才会普照大地。这粒种子也要享受忍受这段黑暗的时光，才能破土发芽，接受阳光的温柔照射，呼吸新鲜的空气。人生也是如此，没有人生来就能一帆风顺。大多数人要想获得成功，都要经历漫长而又艰难的过程，都要忍受常人不能忍受的痛苦。在最绝望的境遇中，也要依然心怀希望，不懈努力。所以说，成功绝不是简单的事情，只有真正的人生强者，才能获得成功。

古今中外，很多名人名垂青史，为人类的发展创造了丰功伟绩，然而他们在真正获得成功之前，也都有着坎坷和曲折的人生。例如楚汉时期刘邦的大将韩信，在年少时就曾经受过胯下之辱。面对着屠夫的侮辱，韩信可以拔出宝剑杀了屠夫，但是自己也会因此而付出生命的代价。深思熟虑后，他还是选择忍气吞声，忍辱负重，他从屠夫的胯下爬过去，后来才有了伟大的事业。

会武术的人都知道，要想让出拳有力，就一定要先把胳膊收缩回去，这样才能快速的出击，从而把力量传递出去。同样的道理，一个人要想抬头，也要先把头低下来，然后才能再把头抬起来。由此可见，对于人生的困境而言，能够勇敢地低头是一种大智慧，能够卧薪尝胆更是强者才会具备的勇气。尤其是当面对人生的坎坷和挫折时，唯有低下头，我们才不会被碰得头破血流。面对那些胡搅蛮缠，我们也完全无需与他们过多纠缠，只有在关键时刻忍得住，我们才能避免自己受到伤害。

正如一位名人所说的，每个人最大的敌人就是自己。一个人如果连自己的情绪都控制不了，总是导致自己处于崩溃的边缘，总是歇斯底里，那么他就无法征服这个世界。情绪急躁的人总是会自寻苦恼，他们在生活中无法顺利解决那些难题，反而会因为失控的情绪给自己创造更多的麻烦。既然如此，为何不好好修炼自己的内心，让自己成为情绪的主宰呢？对于每个人而言，只有控制住自身的欲望，脚踏实地的做事，才能最终让人生变得辉煌。人人都想出头，但是人并不是一生下来鹤立鸡群的。常言道，烦恼都因强出头，这句话非常有道理，也可以作为我们为人处事的原则和经验。

人一定要宽容平和，不但对他人理解和体谅，也要对自己包容和成全。人们对于强硬和柔软的理解各有不同，概括起来说，有些东西尽管很硬，强度很高，但是却很容易折断。而有些东西虽然柔软，但是却非常柔韧，不容易被折断，反而显得更加强韧。做人也应该成为后者，而不要宁折不弯，因为宁折不弯的结果就是导致最终被折断。

春秋时期，各个国家之间动辄兵戎相见，战火连年。公元前496年，吴国出兵越国，想要把越国收服。吴王阖闾很重视这次征战，亲自统领大军，与越军浴血奋战。不想，越兵被逼无奈，只得破釜沉舟，背水一战，反而扭转局势，打败了吴军，还以毒箭射中了吴王。吴王在将死之际吩咐立太子夫差为王，还叮嘱夫差一定要为自己报仇雪恨。自从即位之后，夫差没有一时一刻忘记国耻，始终操练士兵，为将来报仇雪恨做准备。

公元前494年，吴王夫差终于等到时机，率领大军再次攻打越国，与越王率领的大军在夫椒决一死战。结果，吴军气势汹汹，所向披靡，把越军打得四处溃逃。为了保命，越王带着将士逃到无路可退，为了保存实力，他只好接受文种的劝说，暂且投降。在勾践的委派下，文种冒着生命危险去到吴军阵营，亲自向夫差求情，并且说勾践愿意做牛做马为夫差效劳。夫差一开始并不同意讲和，为了让夫差答应，勾践还把越国第一美人西施送给夫差。在美色的诱惑下，夫差脑袋一热，答应了勾践的请求。此后，勾践在越国当了三年的仆人，为夫差的先人看守坟墓，鞍前马后侍奉夫差。后来，夫差终于对勾践放松戒备，答应放勾践回到越国。夫差不知道，在三年的时间里，勾践没有一刻忘记为国家报仇雪恨。回到越国之后，勾践睡在地上的柴草上，而不睡温暖舒适的床。他还在饭桌上方悬挂了一个苦胆，每次吃饭之前就先尝一尝苦胆，提醒自己不忘国耻。最终勾践率领全国的百姓发展农业，让国家变得繁荣昌盛，又抓紧时间练兵，最终十年磨一剑，在十年后率军打败了吴王夫差，成为了春秋时期的霸主。

如果勾践当初一时冲动结束了自己的生命，那么也就没有后来的春秋霸主。实际上，勾践回到越国之后已经等于是放虎归山了，在吴国的三年中，他让自己变成卑微的仆人，表现出对夫差的绝对顺从，才是真正难熬的时光。常言道，留得青山在，不怕没柴烧。有人说宁为玉碎，不为瓦全，实际上不如保存实力，等到合适的时机东山再起。毕竟人生不会顺遂如意，我们也唯有坦然面对人生的坎坷，才能让自己变得内心强大。

有人说，愤怒时人的智商瞬间为零，这实际上是有科学依据的。越是在容易愤怒和激动的情况下，我们越是要学会忍耐，从而才能让自己意识清醒、判断到位，也让自己变得真正强大起来。自古以来，有很多历史上的名人都是因为愤怒，而最终导致失败。我们应该从他们的身上汲取经验，从而让自己变得更加坚韧和强大。记住，只有把种子埋进土里，种子才能长成参天大树。在高高在上放眼四周之前，种子必须忍耐泥土的压力和泥土中的黑暗阴冷。做人同样如此，人生不如意十之八九，每个人在人生中都会遇到不顺心的事情，如果因此就让自己情绪崩溃，只会导致自己越来越软弱和不堪一击。记住，真正的强者，拥有博大的胸怀，也能够勇敢面对一切不如意和艰难坎坷的处境，所以他们才会更加从容，淡然，也能够真正主宰人生。

有志向，世界也变得截然不同

人生就像在漫无边际的大海上航行，如果失去罗盘的指引，就会迷失方向，不知所踪。人生的志向就像是茫茫大海上的引航灯，哪怕黑夜漫长，也能始终为航行指明方向。志向对于人生是很重要的，哪怕人生艰难，我们也依然要树立志向，这样才能始终不忘初心，努力奋斗。否则面对人生的惊涛骇浪，很容易被吞灭，也彻底迷失自己。

有志向的人不会抱怨人生，而是会怀着自己的初心，努力向前，哪怕眼下从事着最简单卑微的工作，他们也不会放弃心中的希望，他们会在志向的指引下不断努力和提升自己，从而让自己的人生也开足马力，奋勇向前。举个最简单的例子，有两个人一起从事简单辛苦的建筑工作，他们同样是在砌墙，但是一个人觉得自己砌墙只是为了养家糊口而已，而另一个人却觉得自己是在建造世界上最伟大的建筑，内心充满了热情和激情，那么这两个人的命运将会如何呢？前者只能日复一日地重复工作，内心觉得枯燥乏味、兴致索然，后者也许会成为伟大的设计师和建筑师，甚至在建筑史上留下自己浓墨重彩的一笔。实际上，这两个人之所以命运相差迥异，并不是因为谁比谁的起点更高，或者更低，而是因为对工作的态度是被动还是主动。被动对待工作的人不会有好的发展，主动对待工作的人却始终保持积极乐观的心态，对待工作充满热情，因而人生也充满了力量。正如大文豪高尔基曾经说过，一个人要想获得好的发展，就必须为自己制定更高的目标。同样的道理，我们也要志向远大，才能不断地鞭策和激励自己奋勇向前。

所谓志向，顾名思义就是一个人心向往之的方向。人生不能没有目的和方向，只有在正确方向的指引下，才能不断向前。树立志向就是为人生树立一个目标，确定一个方向，这样一来才能集中自己所有的时间和精力，聚焦自己所有的智慧和勇气，向着这个目标不断前进，最终到达成功的彼岸。志向是一种非常伟大的精神力量，尤其是对于年轻人而言，如果在年轻的时候不能树立志向，那么就会浪费宝贵的青春年华。只有在志向的指引下，年轻人才能不断努力向前，从而让自己的人生奋勇上进。

小雪虽然出生在一个贫困的农民家庭，但是她从小就有伟大的志向。她和大多数女孩的懵懂度日不同，而是对自己的人生有着清晰的规划。她曾经不止一次的告诉别人：“我一定要走出大山，走到山外面的世界去看一看。”虽然大家都觉得这个女孩一定是疯了，因为当时当地女孩最终的命运都是嫁人，然后日复一日地过着操劳的生活。面对小雪的志向，大家都觉得很可笑，也都不以为然。

为了实现自己的志向，小雪坚持读书。虽然学校距离她的家足足十里山路，但她每天天不亮就起床赶往学校，放学回家还要帮妈妈做很多家务，再苦再累她都从没有抱怨过。她知道自己一定要读书识字，才能改变命运。就这样，小雪顺利地上到了高中，在小雪的坚持下，爸爸妈妈也渐渐改变了心态，觉得孩子本身就这么上进，因而也下定决心要全力以赴培养小雪。

高考中，小雪以优异的成绩考上了名牌大学。她背起简单的行李，独自一人奔赴远方，开始打拼。因为父母都是农民，无法为她提供更好的条件，只能勉强凑够第一年的学费，所以从进入大学的第一天开始，小雪就勤工俭学。不难想象，小雪四年的大学生涯是在怎样艰难的情况下度过的，但是小雪从未因此而放弃对梦想的渴望，她反而更加努力，更加不愿意屈服于命运。最终，她以优异的成绩从学校毕业，也因为已经在大学四年间积累了丰富的工作经验，所以她很顺利地就找到了一份不错的工作。接下来的一切都理所当然，小雪继续以拼命三郎的精神拼搏和奋斗，几年过去，她在大城市立足脚跟，甚至还把爸爸妈妈也接到了身边生活。

事例中的小雪之所以能够改变自己的命运，就是因为她有远大的志向，而且为了实现远大志向而坚持不懈地努力。否则，艰难坎坷的命运早就使小雪缴械投降了，她的人生也就沦为和其他人一样，不断地沉沦下去，再无任何出路。

孔子曾说，三军可夺帅也，匹夫不可夺志也。由此可见，对于个人而言，志向是多么重要。孔子自己就是一个很有志向的人，他一生饱经贫困生活的磨砺，但是却从未放弃志向。他小小年纪就立志要学习道德学问，后来他的一生也的确为此而鞠躬尽瘁，最终成就了流传至今的儒家经典《论语》。现实生活中，很多朋友都有自己的志向，但是他们却因为目光短浅而轻易放弃，也让人生再无希望可言。正所谓志存高远，其实每个人都应该为自己立大志，因为有志者才能事竟成。一个人如果没有志向作为人生的导航，就会变得迷惘，甚至原地踏步，止步不前。

做砂砾，还是做珍珠

如果让你在成为沙粒和珍珠之间做出选择，你是选择成为沙粒还是成为珍珠呢？相信每个人都会选择成为珍珠，因为珍珠璀璨夺目、价值不菲，也能得到所有人的肯定和认可。然而，虽然选择是很容易的，但是真正要把自己从沙粒变成珍珠，对于每个人而言都有很大的难度。一个人必须不断磨砺自己，才能让自己变得更坚强勇敢，也才能让自己的人生绽放华彩。

现代社会人与人之间的竞争显得尤其激烈，这也使生存的压力越来越大。特别是在现代职场上，虽然大多数人都是大学毕业，甚至是研究生、博士生的学历，但是有真才实学的人却少之又少。因而面对激烈的职场竞争，我们要让自己具有核心的竞争力，要让自己成为璀璨夺目的珍珠，才能从众多的竞争者中脱颖而出。很多人抱怨命运不公平，觉得自己的失败都是命运导致的，实际上命运对每个人都是非常公平的，它给每个人相似的机会。之所以在不断成长和发展的过程中，人与人的成就相差迥异，是因为有的人具有坚韧不拔的精神，面对人生绝不轻言放弃，而有的人却在失败中沉沦下去，因而导致一生碌碌无为。这一点与心理学家的研究不谋而合，有心理学家经过研究发现，大多数人先天的条件都相差无几，而之所以在后天的发展中存在巨大的差异，是因为每个人面对失败的态度截然不同。

人生中真正的强者，哪怕面对失败也不会放弃，就像珍珠形成的过程，沙粒必须在珠母中度过漫长而又难熬的时光，忍受黑暗的煎熬。强者也是如此，他知道一切的磨难都是让自己凤凰涅磐，所以他们从不抱怨，而是选择勇敢面对，随时做好准备，抓住机会超越自己。同样的道理，弱者之所以总是与失败结缘，是因为他们在内心先输给了自己。一位名人曾经说过，人最大的敌人是自己。一个人如果能够战胜自己，就能征服整个世界，而如果一个人在失败面前总是轻易地向自己内心的恐惧和胆怯屈服，那么他就注定一事无成。

很久以前，有个年轻人大学毕业后始终找不到合适的工作，为此他郁郁寡欢，觉得自己数十年寒窗苦读好不容易才得到了大学文凭，却不被整个社会认可，他痛苦而又绝望，产生了轻生的念头。

一天，他不知不觉来到海边，神情落寞地在海边走来走去，想结束这痛苦的人生。正当年轻人犹豫不决、愁眉不展时，有一个老人路过他的身边，看到年轻人有些异样，老人停下脚步，问年轻人："小伙子，你怎么了，有什么不开心的事情吗？"年轻人忧愁地说："我辛辛苦苦读书十几年，如今好不容易大学毕业，但是却没有任何单位愿意用我。我觉得自己的人生太失败了。你说人为什么要活着，辛辛苦苦活过这一生，却不能得到自己想要的东西，与其委委屈屈地勉强支撑自己，还不如彻底放弃来得更轻松。"

老人听到年轻人的话，赶紧说："年轻人，你可不能这么说，你的人生还没有真正开始呢。你只是因为之前的生活太过顺遂如意，所以无法承受人生的打击而已。实际上，当你真正开始人生，你会发现人生中充满了不如意，只是偶尔得到快乐和满足。即使这样，我们也要非常努力地面对人生，因为归根结底，人生还是有收获和快乐的。"看到年轻人迷茫的样子，老人从地上捡起一粒沙子展示给年轻人看。年轻人不知道这粒沙子有什么与众不同，这时，老人把沙子扔到地上，又对年轻人说："请你把沙子捡起来，就是刚才的那一粒。"年轻人马上惊叫起来："这怎么可能呢？这里到处都是沙子，每一粒沙子看起来都一模一样。”

老人一声不吭，从自己的口袋里掏出一颗珍珠，这颗珍珠一看就是珍品，不但光滑圆润，而且色泽很好。老人把珍珠扔到地上，年轻人惊讶地张大嘴巴，还没来得及质疑，老人就说：“现在请你把珍珠捡起来！”年轻人弯下腰，轻而易举就把珍珠捡起来了。他说：“珍珠当然好找，因为珍珠和沙子完全不同。”老人笑起来，语重心长地对年轻人说：“如果你也想像珍珠一样被人捡起来，那你首先要让自己成为珍珠，而不是遍地都是的沙子。”年轻人恍然大悟，突然意识到自己之所以找不到工作，也许只是因为自己还是沙子。他当即打消了自杀的念头，回到生活中继续努力学习和充实自己。渐渐地，他具备了核心竞争力，也拥有了工作的经验，成为了炙手可热的人才。

没有人愿意成为遍地都是的沙子，更没有人愿意在遍地都是的沙子中费心地寻找。作为沙子，哪怕掉落在地上，都无法被人找到。人人都想成为璀璨夺目的珍珠，在沙子中那么显眼夺目，就算闭着眼睛也能摸出来。既然如此，我们就要努力让自己成为一颗珍珠，就要努力提升自己的价值，让自己变得与众不同。

记住，一味地抱怨，对于提升和完善自我没有任何好处，反而会让自己的心中充满戾气，也让自己无法从容面对人生。既然如此，我们与其浪费宝贵的时间去抱怨，还不如加快速度提升自己，从而让自己变得与众不同，出类拔萃。

有智慧的人拒绝拖延，马上改变

很多人都曾立志改变世界，从而创造自己梦想中的理想大厦。然而改变世界并不是那么容易做到的，甚至连最简单的改变自己，都会让人觉得很难。曾经有心理学家说，拖延是人的本能，不仅孩子常常会犯拖延的毛病，成人同样会拖延。面对改变自己的决定和计划，他们总是无限拖延下去，从今天拖到明天，又从明天拖到后天，日复一日，非但想做的事情没有做成，反而养成了一个坏习惯。实际上，人生是经不起拖延的，尤其是当需要改变时。一个人要想改变世界，就要从当机立断改变自己做起，否则一切美妙的幻想都会变成空想，也会让人生变得疲惫不堪。

然而一寸光阴一寸金，寸金难买寸光阴，时间总是悄然流逝，并不会等待任何人。如果说这个世界上还有唯一公平的东西，那就是时间。对于每个人来而言，一天都是二十四小时，一小时都是六十分钟，一分钟都是六十秒。也许在我们眨眼睛的这一瞬间，时间就已经悄然流逝了。所以真正聪明的人从来不会浪费时间，更不会让自己的生命在毫无意义的等待中悄然流逝。细心的朋友们会发现，自古以来大多数获得成功的人都非常珍惜时间，也能做到当机立断改变。正如古人所说，一屋不扫何以扫天下，一个人只有先改变自己，才能拥有改变世界的力量。既然如此，我们一定要从现在这一刻就对自己进行改变，从而拒绝拖延给我们带来的伤害。

拖延是一种非常恶劣的习惯，而且对于人生而言会造成毁灭的力量。一个人如果总是拖延，人生必然一事无成，一个企业如果拖延，最终会失去活力。在战场上，一旦拖延就会贻误战机，甚至失去生命。因而对于任何人而言，只有让自己快速行动起来抓住机会，才能获得新的生机；只有不拖延，马上改变人生，才能拥有更多的可能性。也许有些朋友会说拖延几秒钟没有关系，甚至几个小时的拖延也是在享受人生的悠闲。而实际上，人生是非常短暂的，没有人知道自己的生命将会在何时结束。既然如此，我们只能抓住当下的这一刻努力拓宽生命的宽度，才能让生命变得更有意义，更充实精彩。

曾经有人说时间就是生命，大文豪鲁迅先生也说时间是组成生命的材料，浪费别人的时间就相当于谋财害命。正是基于这种观念的影响下，如今很多人都讲究效率。特别是在商业战场中，商机转瞬即逝，一旦拖延就会导致行动无果，甚至事与愿违。所以不管是对于个人还是对于企业而言，拖延都是不可取的。

努力奋进的人从不拖延，因为他们知道，一旦拖延，就会让自己的内心变得懈怠，甚至还会失去千载难逢的好机会。其实在面对改变的时候，我们更应该当机立断，挑战自己和超越自己。只有这样，我们才能让自己勇敢地迈出改变的第一步，从而边走边看，不断地提升和完善自己。而面对改变，如果拖延下去，内心的力量就会消失，甚至最终会觉得维持现状也很好，而完全失去改变的勇气。当然，拖延也并非一无是处，有的时候适当的拖延对于解决问题是有好处的。例如，在心情愤怒的情况下千万不要冲动行事，如果能够晚些做决定，给自己一些缓解情绪的时间，那么就能恢复理智，做出正确的决定。当然这是个例，在这篇文章里，我们所要讨论的是面对改变，必须当机立断。

生活中有很多人都有拖延症，有些职场人士总是把工作堆积如山，甚至在宽松的工作时间里，他们始终无法完成工作，只有在等待上交工作成果的时候他们才会急急忙忙地完成工作。毫无疑问，这样的工作不仅效率不会高，而且工作的结果也不尽如人意。总有一天，他们会为自己浪费了宝贵的时间和生命而后悔。

真正优秀的人也不会拖延的。很多人都羡慕职场上那些精干的人，他们不但能力超强，而且拒绝拖延。他们认为拖延是非常可怕的，也觉得拖延是被动的生活和工作方式，最主要的是他们要想有所成就，就不能拖延下去，因为拖延并不能解决问题，反而会贻误解决问题的最好时机。有的时候，内心胆怯自卑的人也会无意识地拖延。对于人生的懈怠，使他们从来无法从容地主宰人生，造成的结果可想而知有多么恶劣。

作为一家企业的负责人，杰克悲哀地发现企业的工作效率越来越低。整个企业中，上至管理层下至工厂里的工人，都处于消极怠工的状态。杰克不知道企业到底怎么了，是否就像人身患重病已经处于绝症的状态了呢？为了解决问题，无奈的杰克专门请来工作小组入驻企业，争取找出企业的症结所在。在经过一段时间的观察之后，工作小组得出了一个至关重要的结论，那就是这家公司里从上到下、从下到上每个人都有严重的拖延症，使得整个公司工作状态懈怠，原本一天之内能完成的工作量甚至要三天才能完成。

为了改变拖延的状况，杰克号召大家把“绝不拖延”四个字贴在自己的工位上。此外，杰克还召开了全公司的会议，让每个人都打起精神来完成工作。为了保证效果，杰克还制订了一系列制度和政策，从而鼓励那些能够提前完成工作的员工，让他们更加努力地提高工作的效率。当然，杰克也不忘身为示范，他先把自己做到最好，然后再对其他人提出要求。

在经过一段时间的整治之后，企业焕然一新，获得了新生。由于某些老员工不能改变拖延的习惯，杰克不得不狠心辞退他们，再招聘新员工，从而为公司注入新鲜的血液。为了让员工拥有及时的行动力，杰克还让新员工去参加军训，让他们学会服从命令，马上行动。就这样，整个公司都变得不同了，效率倍增，不但达到了正常的工作效率，而且还创造了工作上的奇迹。

对于工作而言，拖延是一种绝对要不得的坏习惯，人都是有惰性心理的，对于任何事情总是能拖就拖下去。例如，对于一个可打可不打的工作电话，想等到一个小时之后再去打。殊不知，这个电话，如果他们当机立断去打也就打了，但如果他们要等到一个小时之后才去打，那么即使过去一个小时，他们也不会打这个电话。这样一来，这种消极怠工的情绪就会在整个工作环境中蔓延，甚至会影响其他人。如果一个人看到另一个人没有认真工作也没收到惩罚，因而也消极怠工，那么整个公司就会无药可救。所以对于企业管理者而言，最重要的是让每个人都马上动起来。改变从来不嫌太晚改变就应该在当下这一秒。

你今天拖延了吗，如果你没有拖延，那么恭喜你，如果你拖延了，那么一定要引起警惕，问清楚自己为何拖延。如果你想成为改变世界的人，那么你就要在当下这一刻先改变自己。面对诱惑，如果拖延下去，就会遭受诱惑的伤害；面对机遇，如果拖延下去，就会与机遇擦肩而过；面对决定，如果拖延下去，也许决定就会从明智变成愚蠢，因为当时当下的环境已经与需要你做决定的时候完全不同了。

忽略生命中的不值一提

生命是琐碎的，很多人都会因为生命中那些不重要的事情而烦恼，实际上生命中没有人能够面面俱到。一个人即使能力再强，也不可能把所有事情都做到完美无缺，更不可能与每个人的相处都和谐融洽而又友好。因而在生命中，真正的智者能够取舍，他们知道哪些是生命中最重要的、不可舍弃的，也知道哪些是生命不重要的。只有忽略生命中那些不值一提的事情，我们才能集中时间和精力去做自己真正想做的事。

美国大名鼎鼎的哲学家威廉曾经说过，一个真正明智的人总是懂得应该忽略什么的生活艺术。的确，人的时间和精力是有限的，生命是一场没有归途的旅程，谁也不知道自己的人生会在何时结束。既然如此，我们又为何把时间浪费在那些毫无意义的事情上呢？我们应该问清楚自己想在生命中得到什么，应该问清楚自己可以舍弃生命中的哪些东西。曾经有个心理学家让参加心理实验的对象在纸上写上自己最重要的很多东西，然后又让实验对象先划掉对自己而言可以舍弃的一项，如此循环往复，当划到最后三项的时候，有些学员忍不住哭泣。他们觉得这些东西都是不可缺少的，不能舍弃的。然而，当真正把纸上的东西全部都划去，只剩下最后一项的时候，他们才发现原来自己唯一能够拥有的就是生命。既然如此，对于人生中那些匆匆而过的过客，还有什么必要投入太多的时间和精力呢？不仅对于一个人而言是如此，对一家企业甚至一个国家而言都是如此。这就像是在战场上对垒，真正明智的将军会让士兵把所有的火力都集中起来攻打一个地方。只有这样，他们才能突破，也才能救自己。如果士兵们把火力平均分散，那么最终的结果一定是被敌人消灭。

聪明的人生是懂得取舍的人生，也是能够分得清主次的人生，更是在关键时刻勇于舍弃的人生。把人生当成战场，把自己的时间和精力都集中起来去做好一件事情，那么即使是一个人原本资质平庸，也必然能够创造出与众不同的成绩。心理学上有一个“十万小时定律”，意思是说一个人如果愿意花费十万个小时的时间去学习和提升自己，专门攻克某一个方面的问题，那么他就会成为那个方面的专家，做出一番伟大的成就。

如果一个人觉得人生中的很多事情都不能舍弃，很多人都不能辜负，那么他就会变得焦虑不安，对于人生会缺乏鲜明的态度，也不知道自己应该把精力和时间集中起来用在哪个方面。从古至今，大多数有所成就者都是懂得取舍的人。正如古人所说，鱼与熊掌不可兼得，既然如此，只有早做决定，才能得到鱼或者熊掌。如果总是一味地拖延做决定，那么最终就会失去鱼和熊掌，毫无所获。

作为日本的企业经营之神，松下曾经决定投资15亿日元专门用于研究大型计算机的项目。在这个项目进行到第五年时，松下突然决定放弃这个项目。整个日本商界几乎都被松下的这个决定震惊了，因为松下的研究已经进入到关键阶段，很快他们研制的大型计算机就可以进入市场。为此，几乎身边的每个人都在劝松下不要这样决定，但是松下却坚持自己的决定，不愿意改变。

松下为何突然做出这么重大的决定，而且这么固执呢？原来在做这个决定几个星期之前，松下曾经与美国大通银行的副总裁进行过简短的沟通。在谈到电子计算机时，副总裁告诉松下银行的客户中，经营电子计算机的企业都经济状况很差，前景堪忧。在听说日本有七家生产计算机的企业之后，这个副总裁更是觉得前景堪忧，因为对于领土面积不大的日本而言，七家计算机企业未免太多了。他告诉松下美国很多生产计算机的企业都在转行，这使松下马上意识到，如果不及时停止项目继续投入的话，就会造成更大的损失。为此松下经过认真慎重的考虑，当即决定终止大型电子计算机项目。后来事实证明松下当时的决定是非常明智的，他把经营的重点放在电器和通信系统方面，最终才能创建举世闻名的电气王国。

不管是做人还是经营企业，要想获得成功，一定要有所取舍。否则，如果太贪心的话，就会把摊子铺得过大，看似面面俱到，最终却会导致彻底崩盘。松下的决定告诉我们，有的事情是可以做的，有的事情是不能做的。在意识到危险的讯号之后，再经过深思熟虑，舍弃就是无怨无悔的选择。

忽略那些生命中不值一提的人与事情，说起来是很简单的，实际上要想真正做到这一点却很艰难。因为人总是贪心的，欲望是人的本能之一。人人都知道应该舍弃，但只有突破内心的障碍，才能真正舍弃。正是因为如此，舍弃才是成功的智慧，才是真正的人生智者必须具备的品质。

第03章

我很想努力，可到底要如何努力

人人都知道要想获得成功必须努力付出的道理，很多人的难题在于并不知道怎样努力。人生是没有捷径的，努力并不是最重要的关键所在，要想获得成功，就一定要把握人生的方向，这样才能让努力事半功倍。当然，没有人对人生是有经验的，在人生的道路上，每个人都是初来乍到，既然如此，每个人都要不断地摸索前行，总结经验，才能不断提升和充实自我。

坚持，也是一种努力

很多人以为努力就一定是轰轰烈烈的，是惊天动地的，实际上努力的方式有很多种，轰轰烈烈、惊天动地固然是努力的方式之一，但是默默地付出和绝不放弃的坚持，同样是人生中必不可少的努力。

就像奋斗一样，曾经有人以为奋斗就是要上刀山下火海，就是要卧薪尝胆头悬梁锥刺骨，实际上奋斗并非只有这几种极端的方式。每天安守本分地过好生活，做自己该做的事情，这同样是一种奋斗的方式。每天都积极地面对人生，哪怕遭遇坎坷和挫折也能微笑以对，从容接受，这同样是不可多得的奋斗。尤其是在人生之中，能做到不抱怨、不逃避、不拖延、不畏惧，这更是一种奋斗。可是现实生活中，很多人都在抱怨，而且抱怨已经成为大多数人的生活方式之一。他们不管遇到什么事情，第一时间就想到抱怨，而从来不会去积极地解决问题。他们觉得自己因为家庭的影响，所以导致性格阴郁，又觉得自己因为大学时没有选择好专业，才导致现在找工作困难。殊不知，在任何一个专业都有优秀杰出的人，也有平庸和碌碌无为的人，而一个人要想拥有好工作，首先要找到好的平台。只有放平心态，脚踏实地去做，才能不断提升自己的能力，增加自己的经验和学识，从而让自己在找工作时更顺利。当你羡慕别人有着光鲜亮丽的工作和高薪时，不要忘记，别人在得到这一切之前，比你经历过更多的艰难，受到更多的挫折。

人与人先天的条件相差无几，之所以在后天的成长中结果迥异，就是因为有的人能够坚持，哪怕遇到再艰难的情况也绝不放弃，而有的人总是轻易放弃，他们不愿意承受压力和挫折。可想而知，当一个人自己主动放弃了，哪怕命运再怎么善待他，他也无法把握和掌控命运。很多年轻人走出大学校园初入社会时，一旦遭遇挫折就怨声载道，他们觉得自己大学读错了专业，所以才面对这样的窘境，而实际上，行行出状元。如果我们不能从事自己喜欢的工作，那么就应该爱自己正在从事的工作。唯有调整好心态，我们的人生才能更加从容坦然。

小军从来不是一个幸福的孩子，他小小年纪就失去了双亲，成为了孤儿。他和爷爷奶奶一起生活，依靠爷爷奶奶微薄的退休金生活，他们的生活总是捉襟见肘。高中毕业后，因为没有考上理想的大学，小军不得不去工作。因为爷爷奶奶已经年纪很大了，他要肩负起赡养爷爷奶奶的责任，所以不能离开本地，就学习了维修技能。就这样，当其他同学都背起行李奔赴各大校园时，小军却背起了维修包，成为了一名维修工人。每天晚上他都要工作到很晚，因为在过了凌晨十二点之后每个小时能得到一百元的加班费。虽然对于很多人而言，一百元的加班费并不值得熬夜，但是对于小军而言，这一百元却能给爷爷奶奶买更多的营养品，也能让他有更多的钱报名参加培训班。

转眼之间，五年过去了。有一天，小军找到老总提出辞职。老总很惊讶，因为小军的技术和口碑都很好，原本老总还想提拔小军的呢。老总问小军：“你是因为待遇不好，所以才想要跳槽吗？”小军摇头。老总又问小军：“那你是家里有什么困难吗？公司会帮助你的。”小军继续摇摇头，老总疑惑地说：“既然都不是，那你为什么要辞职呢？”小军笑着告诉老总：“我通过了雅思，要去新西兰读书了。”老总很惊讶，“你不是才高中毕业吗？居然过了雅思。”小军笑着说：“我想我不能当一辈子维修工人，我应该拥有自己的人生，而且爷爷奶奶前两年也相继去世了，我没有了牵挂，所以我要奔向自己的梦想。”老总沉吟道：“既然你考过了雅思，那你也可以去美国或者加拿大，为什么非要去新西兰呢？新西兰并不是最好的选择。”小军告诉老总：“前两年，我在网上认识了一个女朋友，去年我的女朋友去了新西兰读书，我想我应该也去新西兰读书，这样我们的差距才不会因为异地而变得越来越大。”

事例中，小军之所以能够成功地改变自己的命运，是因为他一直在坚持。面对人生的困境，他从来没有放弃自己。面对高考失利，他也没有因此而沉沦，他一边努力地工作挣钱养家，一边上各种培训班，提升自己。因为他的心中始终积极向上，所以他才能赢得女朋友的喜爱，也因为他一直积极奋进，所以他才能够成功通过雅思去读大学。

在整个世界都不关注你的时候，如果你能继续坚持下去，不放弃自己，你就能够扼住命运的咽喉，从此之后让自己的人生与众不同。

做“向日葵”，永远向着太阳

现实生活中，很多朋友都抱怨自己的努力并没有结果，因而他们最终选择放弃努力，任由生命的河流带着他们四处漂泊。实际上。每一份努力，只要坚持下去，就一定会开花结果。如果你觉得努力没有太大的用处，那是因为时机还未到或者是因为你的努力还不够。只要继续努力下去，人生就会在你的掌握之中。

很多朋友都喜欢鲜花，有的人喜欢端庄的牡丹，有的人喜欢妖娆的芍药；有的人喜欢名不见经传的喇叭花，趴在墙头上绚丽地吹起小喇叭；还有的人只喜欢不会开花的野草，因为他们觉得野草的生命力更顽强，更适合在这个艰难的世界上存活。虽然向日葵不是一种花，但是它比花儿更绚烂，因而有的人喜欢向日葵，因为向日葵始终向着太阳，不管生存条件多么恶劣，向日葵都能敏感地找到阳光所在的方向，扬起笑脸等待着阳光的普照。

做向日葵还有另外一种意义，那就是把自己最绚烂的一面展示给别人看，这样才能给他人带来正能量，也才能让自己变得更加积极乐观。现实生活中，大多数人都以哭脸面对世界，遇到小小的挫折就会抱怨不停，轻易放弃自己。实际上，向日葵从来不会如此，它们开着娇艳的黄花，就像金灿灿的阳光一样。它们总想接受阳光的照射，不是因为它们的内心过于脆弱，也不是因为他们泪流满面需要晒干，而是因为他们要以笑脸迎接阳光。它们的笑容和阳光一样灿烂，它们也温暖了阳光的心。在人生之中，努力固然重要，更重要的是在面对诸多的坎坷挫折时，能够像向日葵一样始终以笑脸迎接命运的到来。

曾经有一个孩子从小就喜欢石头。他不像其他的小朋友一样喜欢各种玩具，只要有时间，他就会去荒郊野外寻找各种石头。他找到的石头形状千奇百怪，而且材质也不同。每当背着沉重的石头回到家里之后，他就会一个人坐在房间里专心致志地研究和抚摸那些石头，在他眼里，似乎那些石头有灵性，都能说话，可以与他进行交流。父母不理解男孩儿为何会有这样的表现，为了转移男孩的注意力，他们为男孩儿买了很多玩具，但是男孩却依然对石头情有独钟。起初父母以为时间久了，男孩儿就会把石头忘记，然而日复一日，年复一年，男孩儿从来没有改变自己的兴趣，始终深爱着石头。父母担心男孩玩物丧志，还把男孩的石头全都扔到山沟里，但是没出几天，男孩又把石头一块一块地捡回来了。渐渐地，男孩对石头越来越了解，他不但熟悉那些石头的形状，更熟悉那些石头的内心，包括石头的结构和质地等。

看到男孩对石头如此痴迷，很多人都嘲笑他：“你又成为不了地质学家，你只是一个普通人，为何不干点务实的事情。你与其在这里研究石头，还不如帮助妈妈做家务，或者去谈个女朋友呢！”对此男孩儿总是笑而不语。若干年后，男孩对石头甚至比对自己更了解和熟悉。然而，他依然只是一名普通的建筑工人，因为没有考上大学，他也许会继续从事建筑工作，在工地上挥汗如雨，换取微薄的报酬。有了微薄的收入之后，男孩不仅捡石头，还会买各种石头，除去生活所需，他几乎把每个月的薪水都用来购买石头了。

一个偶然的机会，男孩儿去了缅甸打工。众所周知，缅甸是玉石的天堂，因而缅甸赌石也是举世闻名的。这是男孩儿第一次看到这样的游戏。他马上表现出浓厚的兴趣。凭着这么多年来对石头的深入了解，男孩总是能够一眼看出哪块石头里面含有美玉，那块石头资质平庸。就这样，男孩儿最终成为赌石之神，他的名气越来越大，他的资本越来越多，他再也不用去建筑工地上打工了。

正如石头，每一块石头都有自己的质地，男孩儿也有自己人生的梦想。就像唐朝大诗人李白所说的，天生我材必有用，千金散尽还复来。每个品种的石头都有自身的价值，更何况我们作为与众不同的生命个体呢？所以我们要坚信自己是有价值的，也要坚持自己的个性，这样我们才能活出独属于自己的精彩。一个人如果总是人云亦云轻易改变自己，那么就很难坚持自己，也会在不停的改变中迷失自己。

走在人生的道路上，我们要坚持做一棵向日葵，怀着阳光的心始终向着太阳的方向，这样我们的内心才会充满阳光，我们的人生也才会绚丽多彩。

人生，从来不是公平的

现实生活中，总有人抱怨人生不公。没错，我们不应该以人生是公平的来欺骗自己，而要坦然承认人生的确是不公平的。面对不公平的人生，我们与其怨声载道，意志消沉，不如接受不公平的现状，勇敢地面对人生。很多不公平的人生就像是被敌人团团包围，而作为被围困起来的困兽，我们是束手就范，还是努力从包围圈中打破缺口，从而取得突围呢？当你把不公平甩在身后，不公平就无法伤害到你，当你把不公平踩在脚下，你的实力就会让不公平消失于无形。所以面对人生的不公平，最重要的不是抱怨，而是要提升和完善自己，用自己的坚强和努力突破困境。

世界何曾是公平的呢，世界原本就不是根据公平的原则建造的。就像在大自然之中也有生物链存在，弱肉强食是自然中唯一的生存手册。人们常说大鱼吃小鱼，小鱼吃虾米，虾米吃烂泥。在人类的丛林中，如果我们想要得到公平，想让自己拥有更多的权利和选择的空间，就要站在食物链的顶端。就像在自然界中，人作为万物的灵长可以吃鱼，可以吃家畜，也可以吃天上的飞鸟。这都是因为人的地位决定的，而在整个人类的社会中，如果我们想要高高在上，想让自己说出的话更有分量，那么我们也要提升自己，这样才能帮自己获得相应的地位和权力。

不公平从每个生命呱呱坠地开始就已经注定了，有的人从一出生就含着金汤勺，从出生就拥有一切，很多平凡人家的孩子甚至穷其一生也无法达到的高度。难道我们作为普通人家的孩子就要因此而放弃自己的努力吗？其实我们没有必要把自己和他人去比，既然我们没有好运气从出生就含着金汤匙，那我们就应该更加坚持努力，这样才能改变自己的命运，突破自身的困境。

对于生活在和平年代的人而言，如果觉得不公平，不妨想一想那些正在饱受战火的非洲难民是如何生活的。在网络上，经常会有非洲的孩子趴在地上喝水的视频或照片出现，他们甚至连水都喝不上，我们还有什么资格抱怨不公平。记得曾经有个人在生意失败之后失魂落魄，想要结束自己的生命，在看到一个没有脚的乞丐趴在地上乞讨之后，他不由得豁然开朗：即便如此，我也比那个乞丐拥有很多，至少我有健全的身体，和他相比，我有什么权利去抱怨呢？每个人要做的就是接受这个不公平的世界，与其整天抱怨连天，让自己心情灰暗，不如从对不公平的怨恨和诅咒中走出来，坦然接受和面对不公平。既然人生不公平，就应该鼓起勇气去战胜环境，去接受不公平，也竭尽全力提升和改变自己，让自己站得更高，得到更多的选择空间。

从小，她就知道人生从来不是公平的。当其他女孩儿都依偎在妈妈的怀中撒娇的时候，她就不得不忍受失去妈妈的痛苦。妈妈去世之后，爸爸也外出打工，好几年都不回来一趟，她就只能跟随爷爷奶奶一起生活。然而命运并没有因此就善待她，一场突如其来的疾病使得她失去听力，从此只能生活在无声世界。此后，爷爷奶奶又相继生病。面对着突然黑了的天，她不能哭泣，只有十岁的她不得不辍学在家照顾爷爷奶奶，每天清晨早早地起床喂猪、做早饭。然后，她还要赶着去地里干农活。尽管生活如此艰难，她从来没有放弃努力。她还记得自己上过几年小学认识几个字，为此她找来同龄人不用的课本，开始艰难地自学。

等到同龄的孩子都去上大学之后，爷爷奶奶的身体状况也有所好转，她意识到自己不能永远这样停留在家中。于是就和同村的人一起去到大城市的服装厂打工，依靠着助听器，她也可以正常倾听了。然而，厄运又到来了，她的眼睛失明了。在经历了生不如死的痛苦后，她决定学习推拿。她曾经听说盲人推拿，然而对于一个女孩子来讲，推拿无疑是非常吃力的活。但是她从来没有喊过苦叫过累，在推拿店当了两年的学徒之后，她终于掌握了推拿的手法。从这时开始，她的工资也不再是学徒工资。她推拿的技巧纯熟，力道拿捏准确，服务过的每一个客户都非常认可她，有很多熟悉的老客户都专门点名让她推拿呢。她的生意越来越好，也成为店里的一把好手，工资也水涨船高。她给爷爷奶奶买了很多好吃的、好喝的，让爷爷奶奶在家里安心地生活。而她自己则开始默默地攒钱，梦想着能拥有一家属于自己的推拿店。

五年过去，爷爷奶奶已经离开了，她独自一人在大城市漂泊，决定拿出自己所有的积蓄开一家盲人推拿店。毫无疑问，这个决定是很冒险的。然而她是一个很坚强自信的女孩，既然做出这个决定，她就绝不后悔，也愿意承担一切的后果。她不相信命运会让她走投无路，也不相信人生会有绝路。刚开始时，推拿店的生意并不好，她就辞退招聘来的员工，自己一个人勉力支撑。随着开店的时间越来越长，很多老顾客也找到她的店里照顾她的生意，她的生意越做越好。几年之后，她成了不折不扣的老板，不用自己亲自去给客户推拿。没过几年，她又开了几家分店。她把事业越做越大，因而动了心思想去治疗眼睛。她去了美国找了最好的眼科医生，医生说她的眼睛还有救。经过一段时间的治疗，虽然只能看见模糊的人影，但是远远比生活在黑暗中好多了。她，终于迎来了人生的春天。

面对命运的不公平，如果一味地抱怨，只会让自己的人生更加灰暗。正确的做法是让自己变得积极主动，越是遭受命运的疯狂打击，越是鼓起勇气和信心去与命运对抗，最终成为人生的舵手，操控自己的命运。

人之所以命运愈加悲惨，是因为面对不公平的时候总是想要徒劳抗争。但没有人能与命运理论，唯有接受命运的不公平，鼓起勇气正面面对命运，努力改变命运，才能真正地主宰人生。

既然天气无法改变，那就改变心情

人人都想拥有顺遂如意的人生，然而命运似乎故意和人开玩笑，总是捉弄人，让人不能随心所愿。如此一来，大多数人对人生都很不满意。他们因为现实中的人生距离他们梦想中的人生实在是相差甚远，为此不得不努力改变自己。正如前文所说的，大多数人都有拖延症，改变自己，虽然想想很容易，但是真正做到却很难。如何打破一个旧的我，重塑一个新的我，这不仅是建造泥娃娃的匠人需要考虑的事情，也是每一个现实生活中的人不得不面对的难题。

这个世界从来不信奉唯心主义，一个人哪怕心中想得再美好，生活也并不会随之变得美好，而只有真正开动自己的双手和双脚努力拼搏与奋斗，才能稍许改变生活。即便如此，生活中依然有很多事情都无法改变。面对这些事情，我们往往觉得很无力，如有人不喜欢我们，我们不能说服他人，这些都不是朝夕之间能够改变的事情。唯有付出和坚持努力，坚持去做，才有可能有所好转。

人们常说，心若改变，整个世界随之改变。这句话其实非常有道理。很多客观存在的事情都是无法改变的，包括我们身边的一些事，哪怕让我们再怎么不满意，也只能忍。然而，与其被动地忍耐，不如主动地出击，我们虽然无法改变它们，但是我们可以调整自己的心态，让自己试着喜欢和欣赏它们。这样一来，当我们看待它们的眼光改变了，我们的心境也就会随之改变。

很久以前，村子里有个老太太，每天都坐在家门口流眼泪。日久天长，邻居未免觉得困惑，因而问老太太：“老人家，您年纪都这么大了，还有什么伤心事吗？”老太太说：“你看今天太阳这么好，我怎么能高兴得起来呢？”邻居疑惑不解：“太阳这么好，您正好坐在这里晒晒太阳，补补钙，岂不是很好，有什么好伤心的呢？”老人接着说：

“我的大女儿是卖伞的，太阳这么好，肯定一把伞也卖不出去，她就挣不到钱，要如何养家糊口？”邻居恍然大悟，原来老太太是在为卖伞的女儿操心生计啊！

没过几天，天上下起了雨，老太太坐在门口的走廊里依然掉眼泪。邻居更困惑了，问她：“老人家，今天是下雨天气，你大女儿的伞一定卖得很好吧！你应该高兴才是呀，孩子赚了很多钱，也可以好好孝顺你。”老太太哭得更大声了，说：“我的小女儿是染布的。这么大的雨，她染好布都没有地方晒，生意肯定不好了。”邻居不由得啼笑皆非：“老人家，你这样还怎么快乐起来呀。下雨虽然会影响小女儿的生意，但是你不应该这样悲观。你可以反过来想，太阳好的时候，虽然你大女儿的伞卖不出去，但是你小女儿的生意就很好；遇到阴天下雨的时候，虽然你小女儿的染布生意不好，但是你大女儿的伞一定卖得很好。这样一来，不管是晴天还是雨天，你的大女儿小女儿都能挣到钱，岂不是很好嘛，你又有什么理由不开心呢。”邻居说完话走了，老太太陷入沉思：的确，不管是晴天还是阴雨天，她的两个女儿总是有钱赚，她又有什么必要天天哭泣呢。从此之后，老太太每天都高高兴兴的。

从这个事例中我们不难发现，如果天气不能改变，我们可以调整自己的心情。例如晴天的时候可以去郊游，雨天的时候可以在屋子里看书。这样一来，不管晴天和雨天都可以做自己喜欢的事，当然是值得高兴的。

曾国藩考中进士之后去北京当官，尽管他凭借着真才实干也得到了升职加薪，但是他的仕途并不顺利。曾国藩是汉族官员，他的身边大多数都是满族官员，所以曾国藩总觉得他人虎视眈眈，不管做什么事情都会遇到各种限制。后来曾国藩的母亲去世，曾国藩不得不回家为母亲守孝。在为母亲守孝期间，他阅读了老子的《道德经》，这才意识到自己有些风头太健，因而才会遭人记恨。

为母亲守孝结束后，曾国藩回到京城复职，从此之后，他就像变了一个人，再也不锋芒毕露，而是对待每个人都谦恭有礼，收敛自己。每当身边有同事家里发生什么事情，他都会亲自登门拜访，还会带着礼物祝贺他人。渐渐地，曾国藩发现那些同事并没有对他虎视眈眈，反而都很友好。实际上，曾国藩很清楚，这并非是同事改变了，而是他对待同事的态度改变了。就这样曾国藩的仕途一帆风顺，最终他成为朝廷重臣，创造了自己的伟大事业。

既然不能改变外在的环境，我们就要改变自己；既然不能改变天气，我们就要改变对待天气的心情。很多时候，我们误以为外界不够完美，殊不知却是我们的太过苛刻。当我们的心变得宽容友好，我们会发现世界折射在我们眼中的样子完全不一样了。这个世界上，每个人都会遇到自己不喜欢的人和不满意的环境，与其一味地与外界对抗，让自己的心始终焦虑紧张，不如放松心情，怀着宽容的态度，接纳外界，这样世界也会随之改变。

每个人都会散发出吸引力，这种吸引力也是因为人的心决定的，一个积极乐观的人会散发出正能量的吸引力，一个消极悲观的人会散发出负能量的心理。由此可见，很多事情是由心态决定的。在面对人生的不如意时，我们与其一味地从外界寻找原因，不如主动地反思自己，从而彻底找到根源所在。唯有如此，我们才能真正解决问题。很多朋友总是严肃地对待这个世界，他们最终会发现这个世界也是不苟言笑的。而当他们试着改变自己，微笑面对这个世界，就会发现很多人和事并没有那么严厉，而且还会发现身边多了热情的人，实际上是他的微笑与热情改变了外界在他心中的投射。

努力，才能完成人生的飞越

很多人觉得自己的努力并没有得到应得的回报，也没有让自己过上想要的生活，实际上努力本身并没有错。如果努力没有切实改变你的人生，那么你就要想一想你的努力是否足够，你生命中最好的时机是否到来。唯有努力才能实现人生的飞跃，因为这个世界上没有不劳而获，更没有一蹴而就的成功，每个人的成功，每次质的飞跃，都是要经过长期的努力和坚持才能换来的。

很多人都知道鲨鱼是海洋中的霸主，也是海洋中最强壮的鱼类。但是很多人都不知道的是鲨鱼与大多数鱼不同，它没有鱼鳔。这就意味着鲨鱼不能通过鱼鳔来调节自己的沉浮，为了避免沉入海底，所以鲨鱼只能通过不停地游动来让自己生存下来。如果我们也是鲨鱼，缺少对于生存最重要的鱼鳔，那么我们是彻底放弃，就这样等着死亡的到来，还是像鲨鱼一样不停地游来游去，反而因祸得福，让自己成为海洋霸主呢？仅就这个问题进行回答，相信大多数人都会选择后者，而真正去做的时候，懒散和懈怠会让大多数人都成为前者。那么就要努力地不断鞭策自己，才能够让自己奋勇向前，取得质的飞跃。

在美国，有一个年轻人从小家境贫困，没有钱读书，然而他并不甘心于永远生活在农村当一个默默无闻的农民，为此他背起行囊去了遥远的大城市，想为自己寻找一份合适的工作。但是大城市并非像年轻人想象中那么美好，工作的机会也并非随地可见。经过了很长时间的努力，年轻人也没有给自己找到合适的工作，反而经常遭遇城里人的嘲笑和鄙视。年轻人心灰意冷，决定要离开那座城市。然而，他还是心有不甘，觉得自己辛辛苦苦来到大城市，却没有得到应得的对待，为此，他决定在离开之前给大名鼎鼎的银行家罗斯写一封信。在信中，他表达了自己的理想和志向，也抱怨了命运的不公。为了等待罗斯的回信，年轻人继续留在旅馆里。他要多住几天，因为他相信罗斯会给他回信。然而几天的时间过去了，罗斯的回信始终没有到来，年轻人却已经身无分文，他不得不背起行囊准备离开。

就在此时，年轻人收到了罗斯的回信。在心里，原本年轻人一直期待着罗斯能够慷慨地帮助他，给予他深切的同情，却没想到罗斯丝毫不同情他，也没有准备帮助他。罗斯告诉年轻人海洋中的鲨鱼因为没有鱼鳔，所以才能成为海洋霸主。这是年轻人第一次听说关于鲨鱼没有鱼鳔的事情。在此之前，他不知道鲨鱼居然没有鱼鳔。年轻人想了很久，决定像鲨鱼一样给自己新的生机。他放下行囊，决定留在城市。他告诉旅馆的主人他可以不要薪水在旅馆中工作，而只要给他住宿的地方和食物即可。旅馆主人看着强壮的年轻人当然很高兴，如此廉价的劳动力，任谁也不会拒绝的。就这样，年轻人留下来了，从此之后展开了人生的新篇章。十年之后，这个年轻人成为美国大名鼎鼎的富豪，他就是石油大王哈里。他不但开拓了自己的事业，帮助自己在大城市站稳了脚跟，而且得到了银行家罗斯的认可和赏识，娶到了罗斯的女儿当妻子。哈里一直都非常感谢罗斯，如果不是罗斯为他讲述鲨鱼没有鱼鳔的故事，也许他早就回到家乡做一辈子的农民了。

每个人对人生都有自己的理想，然而理想从来不会从天而降，也不会自己实现。要想改变自己的人生，人人都要非常努力，才能有质的飞跃。记住，这个世界从来都是不公平的，而且公平永远也不会到来，这就是人生的现状。

面对不公平的现实，哪怕心中再怎么样愤愤不平，都不要放弃希望，因为希望就是人生的道路，只要心中有希望，人们的脚下就有道路。你要知道如果鲨鱼在发现自己没有鱼鳔时只顾着抱怨，那么它早在几亿年前就已经彻底灭绝了。当你努力达到一定的程度，就能够把自己的短板补足，甚至使其成为长板。想一想鲨鱼的人生经历，你就会知道自己该怎样实现人生的飞跃。

面对艰难，你要更加从容

人人都希望人生一帆风顺，谁也不想面对人生的艰难。然而偏偏造化弄人，命运更是从来不放弃对人的捉弄。行走在人生的道路上，人们总是惊讶地发现自己不得不面对很多尴尬的境遇，甚至因为处境艰难，而觉得举步维艰。由此一来，从容在人生中也就显得尤其可贵，真正的人生强者，总是能够从容面对人生，哪怕面对人生中突如其来的风雨，也能够处变不惊。

如果有人问人生中最高的境界是什么，一定有人回答从容。这是因为他们看惯了太多的人在遭遇人生的困厄时大惊小怪，动辄就惶惶不可终日。而一个人要想做到从容，绝不是可以装出来的，只有内心真正地淡然，才能云淡风轻。所以我们要对每一个人说，从容些吧，命运并不会因为你反应过激就特别偏爱或者照顾你。从容些吧，当你的心从容，整个世界也会变得从容。曾经有心理学家说，人们会因为愤怒而导致智商瞬间降低，同样的道理，人们也会因为紧张而导致智商降低，还会导致忙中出错。也许有朋友会说，人生就是由无数个错误堆叠起来的，没错，人生是由错误堆叠起来的，但是我们不能因为如此就彻底放松对自己的要求，而要尽量减少犯错，给人生来几个大大的对勾。

常言道，忙中出错，实际上人生中的很多错误和悲剧的产生，都是因为急躁和紧张。面对人生中的诸多情况，如果我们总是急急忙忙做出判断，或者总是因为缺乏耐心而导致心烦意乱，那么人生必然陷入更加难堪和尴尬的境遇中。除了直接导致犯错之外，焦虑不安的心还会导致人生被更多的负面情绪充斥，使得人的身体消耗更多的能量，也出现更多的疾病。所以当觉得人生简直如同一团乱麻般糟糕到不能再糟糕时，最好的办法就是放空自己的内心，让自己在空空的状态下恢复内心的平静，也找回生命的从容。

也许有人误以为从容是很高大上的，从容尽管经常和优雅用在一起形容某个人的雍容气度，却是一个很平和朴素的词语。从容是一种接地气的力量，是每个人每天都要用来面对生活的态度，也是人生中必不可少的品质。从容的人不会心慌意乱，也不会惊慌失措，因为对于人生的欲望能够保持淡然，所以他们往往能够站在更高的角度上看待问题，也给予自己的人生更大的发展空间。古今中外，很多智者都有从容的气质，他们处变不惊，泰山崩于顶而色不变，也能够控制好自己的情绪，成为自己人生的主宰，从而把人生提升到更高的境界。

从容的人看似不惊不躁，内心却有巨大的力量。从容的人在长久的淡然状态下，容貌也会有所改变。他们的脸上少了几分烟火气息，而多了几分超然物外的洒脱。他们看似柔软无力，实际上却以静制动，以不变应万变。从容的人能够随遇而安，不会因为外界的改变而导致自己内心波澜起伏。当发现无法改变外界的环境时，他们就主动地调整心态，改变内心，从而让自己更好地与外界和谐统一。从容的人心怀宽容，能够理解和体谅他人，而不是动辄就与他人争吵，更不会陷入大喜大悲之中，导致情绪波澜起伏，自己也变得歇斯底里。从容的人不会过分看重金钱，不把名利放在心上，他们更愿意贴近生命的本质，获得生命层面的满足。现代社会，到处都充斥着喧嚣和浮躁的气息，我们更应该拥有从容的心态，才能淡然面对人生的险恶，也才能“宠辱不惊，闲看庭前花开花落；去留无意，漫随天外云卷云舒”。

在漫长的人生途中，谁不曾遭遇艰难，谁不曾被人误解和指责，谁不曾被质疑和批评，谁不曾遭遇不公正的待遇。既然我们无法阻止这一切的发生，那么就修炼自己的内心，让自己的内心更强大，从容应对一切的不测吧！心若改变，世界也随之改变。心若不变，世界兀自改变。每一个人都要以从容的气度应对人生，每一个人都要以从容才能主宰自己的人生和命运。

第04章

你凭什么要别人根据你平庸的现在推断你辉煌的未来

很多人只是心里觉得自己很伟大，然而在实际行动上却马上露出原形，原来他们眼高手低，是语言上的巨人，行动上的矮子。我们有什么资格要求别人凭借我们如今平庸的表现就相信我们未来一定会出人头地呢？只怕这样的话说出来，连我们自己都不会相信。每个成功者决不是大话连篇的人，他们会脚踏实地地迈出人生的第一步，也会真正地走向成功。

人生，从来不是自欺欺人

命运从来不是公平的。很多人都是含着金汤勺出生的，然而作为普通老百姓人家的后代，我们哪怕穷尽一生也无法拥有他们出生时就拥有的一切，难道我们因此就要放弃人生，不再努力吗？如果我们真的因此而放弃努力，那么我们就会彻底成为人生的失败者。实际上，真正能够创造伟业的人，未必都是一出生就起点更高的人。例如阿里巴巴的马云在成功之前是一个非常普通而又平凡的人，他之所以能够引领互联网时代的潮流，是因为他不懈地努力，抓住了最好的机遇，成就了自己，也成就了中国的互联网行业的发展。

人生从来不能自欺欺人，如今有很多人心态浮躁，总觉得自己有很多理由可以懈怠，对于一切成功的人，他们都理所当然认为对方有得天独厚的条件或者是与众不同的优势，却从未想过成功者也是一步一步、脚踏实地走过来的。为此，他们总是认为别人的成功得来容易，而以此作为自己懈怠的理由。正因为如此，他们最终还是会遭遇人生的困厄，更无法激励自己努力奋斗和拼搏，从而让自己在人生中彻底失败。

从小小敏就生活在一个普通而又穷困的家庭之中。为此小敏非常自卑，甚至在班级里都觉得抬不起头来。然而小敏并没有放弃努力，每当看到班级里很多有钱人家的孩子都过得很潇洒，小敏暗自下决心自己也要努力奋斗，以后让自己的孩子也这样充满信心。就这样，自卑的小敏默默无闻地努力，她的成绩在班级里始终名列前茅。后来因为家境较差，小敏初中毕业以后没有上高中，而是就读于一所师范院校。她想早日毕业，给父母减轻负担，也能够为弟弟上学提供更多的资金。

从师范学校毕业后，大多数同学都被分配到农村的小学工作，小敏也不例外。她虽然人在农村小学，却很不甘心，不想让自己的一生就这样的环境中。为此，她在农村小学工作了一年多之后，就下定决心辞职，去了大城市。在大城市里，小敏人生地不熟，经历了漫长而又艰难的奋斗，从事最卑微的工作。最后，她终于在销售行业中找到了自己的位置和价值。她似乎天生就适合从事销售工作，因而轻轻松松就能把工作做到最好。随着业绩的不断攀升，小敏成为公司里大名鼎鼎的金牌销售。几年过去，她就实现了自己的梦想，不但在大城市安家落户，还把父母和弟弟也接到身边来生活。

现实生活中，太多人都感到迷茫，尤其是看到身边的人一出生就拥有很多，而自己虽然努力却未必能够得到梦想的一切，他们不由自主地想要放弃。然而，在经历更多的人生之后，人们最终会恍然大悟：只有坚持努力，才能让人生变得勇敢无畏，奋发向上。其实，每个人都有属于自己的幸福，每个人对成功也都有自己独特的定义，我们无法评论到底是普通人的生活更好，还是富二代更幸福，但是我们却可以了解一点，那就是一个人只有不断努力，才能让人生有更多的可能性，才能让这个世界变得更加美好。

只有逃避人生，软弱怯懦的人，才无法从容面对他人的成功。当我们告诉自己他人的成功都是从天而降的时候，实际上已经注定了失败。一个不能勇敢面对现实的人，不可能找到解决问题的办法，更不可能获得成功。在这个世界上，我们唯有接受不公平，才能拼尽全力去对抗命运。当然，正如前文所说，这个世界注定是不公平的，因为世界从来不是按照公平的规则去建立的。作为世界上一个小小的个体，我们每个人唯有尊重自己，信任自己，不断地集中所有的力量奋发向上，才能最大限度实现人生的价值，也才能让人生变得更加充实。

没有疯狂过的人生，就是虚度

对于人生，每个人都有自己不同的理想和期望，有人希望人生轰轰烈烈，有人希望人生是璀璨夺目的，也有人希望人生是安稳平静的，那么，你希望自己的人生是怎样的呢？不管给出怎样的答案，你都要为自己的人生负责，你只有知道自己想要怎样的人生，才能在年轻的时候奋力拼搏，为实现人生最瑰丽的梦想而不懈努力。

很多人都以年轻作为自己最大的资本，觉得自己年轻，所以拥有更多的尝试和更美好的未来，也觉得自己能够得到更多的机会。然而人生并不会永远年轻下去，大自然生存的规律也不会放过每一个人，人终究会渐渐地从年轻到年老。对于年轻人而言，只有把握青春的时光，努力奋斗和拼搏，才能无愧于人生。

大学毕业后，小关对于自己的未来有很多设想。她是名牌大学毕业的，而且学的是学校里最好的专业。最主要的是她青春靓丽，能力超群，所以她对于自己的未来充满了信心。早在大四的时候，就有很多优秀的企业向小关抛出了橄榄枝，希望小关能够到自己的公司任职。对此，小关简直看花了眼，不知道自己应该接受哪个公司的邀请。她甚至问自己的同学自己应该如何选择，同学直接了当地回答："要么就是高薪，要么就是有发展空间，要么就是稳定，反正甘蔗没有两头甜，你只能占一头，那就看你最想要的是什么了！"同学的话让小关茅塞顿开，思来想去，小关得出了一个结论：既然辛辛苦苦读书这么多年，当然是想让自己拥有更好的人生，那么就要有足够的金钱和财物支撑，才能实现自己最大的梦想——财务自由。为此，小关选择了一家薪水最高的公司。

真正走上工作岗位，小关才发现自己的工作很辛苦。她总是被外派出国，有的时候在国外待一两年才能回来。有一次，小关在国外出差的时候和同事遇到了劫匪，当那冷冰冰的手枪顶着脑袋时，小关半条命都要吓没了。她把身上能给别人东西全都给了别人，才勉强保住了性命。当她惊魂未定的回到住所时，第一时间就给老板打电话说自己再也不要来国外出差，老板却当即拒绝了她的请求，直截了当地告诉她："我当初之所以聘用你，就是看中了你的能力，希望你能够作为我公司的长期外派人员。如果你不能去国外出差，那么咱们的合作也只能宣告结束。"小关意气用事地说："那好吧，那我就辞职吧！"

第二次找工作的时候，小关的重心明显有了改变。她不想再找那些高薪的职业，而想找一份安稳的工作，让自己的人生岁月静好。为此，她出人意料地选择了一家很小的公司，那家小公司不但没有名气，在行业内排名很低，而且也没有给小关多少薪水。小关到底图什么呢？直到同学们询问，小关才说出自己之所以选择这家公司，是因为老总承诺在几年之后把小关转入有正式编制的事业单位。这样一来，小关觉得自己的下半生就可以衣食无忧，安然自在了。不想，在这家公司工作了五年之后，老总还没有兑现对小关的承诺，为此小关实在忍不住，去了老总所说的事业单位询问。事业单位的负责人简直觉得可笑，对小关说："我们当然会自己决定人员聘用，而不会为合作单位解决什么人才引进问题。"这时，小关才知道自己好几年来当牛做马地为公司服务，拿着很低的薪水，原来是被忽悠了。她气愤地辞职，把自己锁在家里闭门思过。这一次，小关想得很清楚：她各方面条件都很优秀，而在几年的时间里却被其他原本不如自己的同学远远地甩下，就是因为她对职业没有明确的规划。她决定这次一定要找一份合适的工作，踏踏实实地拼搏和奋斗。哪怕别人再说些不闲不淡的话，她也要充耳不闻，疯狂一把，这样才能把失去的时间都追赶回来。

在同事的推荐下，已经三十多岁的小关去了国外的一家大公司工作，与那些只有二十出头的年轻人在一起打拼。大家看到小关这样的年纪都觉得很惊讶，因为大多数出国的人都是年纪轻轻就来到了国外打拼，而小关已经到了而立之年，非但没有解决自己的终身大事，还要从最底层开始努力拼搏，简直让人想不通。但是小关却很淡然，既然已经错过了大学毕业后最好的十年青春，那么她就要努力疯狂一把，自己追赶上去。

也许小关一开始并没有想清楚自己想要怎样的生活和人生，所以她才会懵懂无知，不知道如何定位自己。然而在荒废了十年的时间之后，她意识到自己必须有准确的人生目标，才能向着目标不断奋进。为此，她决定抓住青春的小尾巴，疯狂一把，努力改变人生。

常言道，年轻就是最大的资本，年轻也是可以让人疯狂的最好时机。然而太多的人在年轻的时候还处于懵懂无知的状态，所以不知不觉间就让青春悄然流逝。对于人生而言，最幸运的事就是在年轻时就确立人生目标，这样哪怕付出很多，疲惫不堪，也至少能够找到寻找一条正确的人生道路。

接受命运的安排，奋力拼搏

现实生活中，每个人都想获得成功，都想成为人生的主宰。然而，人生并没有什么诀窍和捷径，一个人要想掌控人生，就必须真正参与人生，而不要始终站在旁观者的角色漠视人生。

大多数人都对人生都感到不满足，他们因此而抱怨命运不公，最终对人生失去信心，而让自己沦为人生的旁观者。直到时间悄然流逝，青春年华不再来，他们才意识到每个人都必须对自己的人生负责。一个人越早知道自己在人生中的角色，越能够及时抓住人生中千载难逢的好机会，从而让自己的人生更幸运。年轻的时候，如果你总是抱怨自己一无所有，那么你就错了，因为对于年轻人而言，一无所有反而是件好事，这是命运安排你孤独地走过一段人生之路，这样人生才会更从容淡然，你也才能够在面对内心的过程中让自己不断强大起来。哪怕是最爱我们的父母，也不可能永远陪伴着我们，所以我们只能独自面对人生，自己扛起一切艰难和挫折。

当然，对人生感到愤愤不平的时候，也不要一味地只盯着人生中不如意的地方看，其实命运总是公平的，它在为一个人关上一扇门的时候，还会为这个人打开一扇窗。因而我们对待人生要怀着更宽容的心态和更充足的热情，而不要总是假装没有看到上帝给我们的好。也许怀着感恩之心，我们就能看见命运更多的美好与善良，就像一位名人所说的，这个世界上并不缺少美，缺少的只是发现美的眼睛。我们也唯有以感恩的心面对这个世界，才能更加从容地得到更多。

小文是个文静的女孩儿，从小就喜欢做针线活儿，她总是跟着年迈的姥姥一起缝缝补补。姥姥看到小文的针线活儿越做越好，总是夸小文：“我们小文可真像大家闺秀啊，才能把女工做得这么好。这手好活儿，要是放在古时候，提亲的人都会踏破咱家的门槛呢。”每当这时，才十几岁的小文总是非常害羞，依偎在姥姥的怀中，抱着姥姥的脖子撒娇。

原本，小文最大的理想是成为一名服装设计师，然而造化弄人，在高考时她没有考出好成绩，与美术学院的服装设计专业失之交臂。最终，她不得不选择了会计专业，从而让自己有生存的技能。就这样，小文成了一名会计，幸好她没有把女工扔下，而将其作为自己的爱好，始终刻苦钻研。

十几年过去了，原创服装越来越受到人们的喜爱和欢迎，尤其是淘宝的普及，使得更多人喜欢在网上购买东西。由于小文女工出色，家里人都激励她开一家网店，专门卖原创服装，小文却觉得很为难，因为她对网络并不很懂，又因为一直从事会计专业，她觉得自己已经对女工不免有些生疏了。直到有一天家庭聚会，表妹穿了一条独特的裙子，大家都觉得这个裙子的样式很好看。然而当听到表妹说出这条裙子的价格时，大家都不免乍舌。尤其是年迈的姥姥，撇着漏风的嘴巴说：“你呀真是瞎花钱，你还不如让你表姐给你做呢，这衣服虽然样子好看，但是做工真不如你表姐。”表妹不由得嗤之以鼻：“我表姐那是在家瞎玩儿呢，我这可是人家原创设计师亲手做出来的。”小文听到表妹的话可不乐意了，说：“我可不是瞎玩儿，等着吧，我也去学学服装设计，将来一定能够做得比你这条裙子更好。”从此之后，小文一边工作，一边利用业余时间学习服装设计。一年之后，小文的服装作品在服装设计赛上赢得了三等奖。小文受到极大的激励，索性辞掉工作，专门参加了电脑培训班，也学习了在网络上开店的技能。很快，小文原创服装店就隆重开业了，因为小文设计的服装样式独特，做工精良，所以小文的生意越来越好，没出几年，小文就成立了自己的服装加工厂，把生意越做越大了。

事例中，小文阴差阳错与服装设计师失之交臂，然而，命运从来不会辜负任何一个人。在十年之后，小文还是再次拿起了针线和剪刀，成为了一名不折不扣的服装设计师，也最终成为成功的服装制造商。她虽然不能继续从事会计的专业，但是她却找回了自己最喜欢的工作，这简直就是人生最大的幸运。

人生中的很多时候，我们都要与厄运作斗争，然而更多的时候，我们要顺应命运的安排，这样才能让自己在人生中事半功倍。在人生发展的过程中，我们应该意识到自己的天赋和特长，而不要选择弥补人生的短板。很多人都知道心理学上的木桶理论，意思是说一只木桶能装多少水并非取决于最长的那块板，而是取决于最短的那块板。因此，要想增加一只木桶的容水量，就要弥补木桶的短板，从而让木桶派上更大的用场。但是对于人生而言，木桶理论并非完全派得上用处，每个人未必要弥补自己的短处，而应该抓住自己的长处和优点，从而发展自身的核心竞争力，让自己的能力越来越强。

生活中，很少有人有那样的幸运，从事自己最喜欢的工作，即便如此，我们也不能浪费上天安排给我们的天赋。人生中，很多机会都是人们自己创造和争取出来的，所以我们更要把握好人生，让人生中绽放异彩。

不要辜负今生今世的好时光

时间是组成生命的材料，大文豪鲁迅先生曾经说过，浪费别人的时间就相当于谋财害命。那么浪费自己的时间呢？如果自己不追究自己的责任，浪费就会无限延迟下去，直到生命悄然逝去，我们才追悔莫及，遗憾自己错过了最美好的青春时光。有位畅销书作家说过，不吃苦，不奋斗，你要青春做什么？这句话真的非常有道理，越是在青春年少的时光，我们越是应该督促自己不断努力奋斗，这样才不会错过时光，更不会辜负美好的青春年华。

世界上没有后悔药，尤其是时光也不会倒流。如果说世界上还有唯一的公平，那么就是时间，时间对于每个人都是公平的。它总是一去不复返，它对每个人都付出同样的分秒。所以，不管你是富贵人家的子女，还是普通老百姓家的孩子，你都同样拥有时间的馈赠，也都同样遭受时间的惩罚。人生说漫长也漫长，说短暂也短暂，如果我们任由时光悄然流逝，那么时光就会飞驰而过。如果我们能够争分夺秒，努力拓展生命的宽度，那么即使不知道生命何时戛然而止，我们也会了无遗憾，毕竟我们认真地活过，轰轰烈烈地创造过属于自己的人生。

中国有十二个属相，每隔十二年，十二个属性就会重新轮一遍。说起来，人们一定觉得十二年的时间很漫长，不知道自己的下一个本命年何时才会到来，然而在时间的悄然流逝中，你会发现自己已经度过了人生中的第一个本命年、第二个本命年，甚至第三、第四个本命年也悄然来临。你依然记得自己上大学第一天的情形，仔细想想，才发现自己居然已经年近半百，这岂不是一件很可怕的事情。要知道，大学时期青春浪漫的时光似乎仍在眼前，同学清脆悦耳的笑声似乎仍在耳畔回响，你却没有留意到你的孩子也已经到了上大学的年纪。对于人生，人们总是有太多的遗憾。假如让你重回大学时光，相信每个人都会给出一大堆美好的设想，实际上这正是人们对悄然逝去的四年大学时光感到遗憾的表现。有谁能够直接了当地说，如果再给我一次选择的机会，我还愿意像这次一样度过四年的大学时光呢？在遗憾的心态中，人生就这样悄然流走，一个四年又一个四年，一天又一天，一分又一分，一秒又一秒，没有人能够把人生活出百分百。既然如此，我们就要坦然接受这种遗憾：昨日注定是无法改变的，我们要努力地把握好今日，也要全力以赴地憧憬未来，创造未来，这样我们的人生才会更加完美。

大学毕业后，小雅回到家乡的小学当了一名老师。其实当初毕业的时候，小雅并不想回家乡，而是想像大多数同学一样去大城市闯荡，只是因为爸爸妈妈都觉得她是最后一届国家分配工作的学生，如果错过了这个机会，只怕再也不可能捧上铁饭碗。为此，爸爸妈妈强烈要求小雅一定要回家乡任教。小雅拗不过爸爸妈妈，只好回到家乡。然而日复一日的枯燥生活让小雅无聊透顶，虽然日子过得清闲，她却觉得自己是在混吃等死；虽然教师的工资旱涝保收，她却觉得自己永远徘徊在经济的生死线上。为此在一年之后，小雅毅然决然地辞职，去大城市投奔同学。怕爸妈继续反对，她甚至隐瞒了辞职的消息，直到在大城市找到工作彻底安定下来，她才打电话给爸妈告诉自己的现状。这时，面对小雅已经生米做成熟饭的人生，爸妈只能勉强接受了。

爸爸妈妈很担心小雅在大城市的生活，因为小雅从小就是独生女，在爸爸妈妈的保护和宠爱下长大，她能够承受大城市中巨大的压力吗？爸爸妈妈心中忐忑，为此他们告诉小雅：“不管什么时候，只要不想留在那里了就回来，爸爸妈妈养活你。”小雅笑着说：“妈妈，你也太小看你的女儿了。”然而，想在大城市立足，并非小雅想象中那么简单和容易。大城市的工作、生活节奏都很快，一天甚至赶得上在家乡的三天，小雅不得不努力适应这样的生活节奏。在无数次面试的过程中，小雅也不得不忍受他人的挑剔和苛责。她常常因为委屈而掉眼泪，但是她也告诉自己：“既来之则安之，我必须在这里守住青春年华！”

一年之后，小雅终于在大城市站稳了脚跟。她找到了最适合自己的工作，那就是在图书公司当策划编辑。一直以来，小雅都非常喜欢看书，在大学四年期间，小雅甚至每个周末都是捧着书本度过的。为此，小雅当编辑来简直得心应手，而且因为对于图书非常敏感，她的策划工作也进展顺利。工作没多久，小雅就深得领导的认可和欣赏，很快小雅被提升为责任编辑，后来成为主编。对于小雅而言，她的人生道路才刚刚展开。后来，小雅不仅在大城市站稳了脚跟，安家落户，还把父母接到身边来一起生活。看着女儿今日事业有成、生活幸福的状态，父母钦佩地对小雅说："你这丫头真是胆大，当时居然瞒着我们就把工作辞了，但是也幸亏你胆大，所以才有今日的成就。不然，你迄今为止还是默默无闻的小老师呢，哪里会有这样的眼界呢？"

青春不会永驻，美好的青春时光总是一去不返，因而哪怕拥有年轻的资本，我们也同样要当机立断，才能抓住转瞬即逝的机会，从而让人生充满更多的可能性，也拥有更多的好机会。对于每个人而言，人生绝不是顺遂如意的，我们与其羡慕他人的人生功成名就，不如认真想一想怎样才能让自己的人生绽放华彩。

人生如何能够得到最好的结果呢？对于每个年轻人而言，只有不负青春好时光，才能让人生得到应得的回报。对于每一个人生的强者而言，时间都是短暂的，也无法挽留，因而他们总是努力拓宽时间的宽度。就像一个人虽然无法决定自己生命的长度，但是在拓宽生命的宽度之后，生命的面积自然就增加了，生命也会变得更充实更美好。人生真正的强者很善于提高时间的利用率，从不荒废自己的青春时光，对于他们来说，成功从来不晚。

哪怕舍弃一切，也要坚持梦想

在生命之中，每个人都要学会舍弃，这就像一个人背着背篓从山脚上往上爬，如果总是不断地捡起地上的石头，那么渐渐地他的背篓就会越来越重。但是如果他能够在捡起石头的同时，也能不断地丢开那些不值得保留的石头，那么他的背篓就会始终保持合适的重量，他在向上攀爬的过程中也会更加顺利。

人生总要学会舍弃，才能轻装上阵，不至于过于沉重。否则人生漫漫长路，一路走来总是不断地加重行李的重量，那么走路的人就会不堪重负。然而需要注意的是，人生哪怕要舍弃很多东西，也至少要保留梦想。梦想就像人生的引航灯，能够在茫然的人生海面上为我们指明岸边的方向，也告诉我们前路应该往何处去。

大学期间，小乔在网上认识了一位年轻的女孩，他与这个女孩坠入爱河，虽然分隔两地，却每天都能鸿雁传书，彼此都感受到浓浓的相思情谊。这个女孩在北京读书，小乔为了女孩毅然决然地放弃了家里稳定的工作，奔赴北京。住在女孩租住的十平米房间里，小乔感受到肩膀上沉甸甸的责任，他意识到：从此之后，我必须努力奋斗，才能和女朋友一起搬离这个狭小局促的地方。

从那个时候开始，小乔就有了梦想。然而，对于初来乍到的小乔而言，想要找到一份合适的工作并不容易。他上大学的时候就喜欢美术设计，后来终于在一家广告公司找到一份设计师的工作。初入设计行业的小乔，每天都做着最简单的设计工作，薪水也很低，甚至还没有女朋友高。然而，他内心依然充满希望，他觉得自己只要不断地努力，积累工作的经验，以后一定能够脱颖而出，成为伟大的设计师。每当小乔把自己要当设计师的梦想告诉女朋友时，女朋友总是不以为然地笑一笑。她觉得小乔太异想天开，太天真了，女朋友总是告诉小乔："在北京，有太多的能人，他们都有过人之处，要想在他们之中脱颖而出，简直比登天还难。"小乔感受到女朋友的悲观，总是鼓起信心和勇气坚定不移地告诉女朋友："功夫不负有心人，只要我坚持努力，就一定能够成功。相信我吧，宝贝！"

有一次，在路过三里屯的时候，女朋友指着一家装修高档的西餐厅，对小乔说："我的女同事曾经和男朋友去那家西餐厅吃过饭，据说那个西餐厅的装修非常高逼格，消费也非常高。"小乔有些不以为然："不就是一顿饭吗？能有多贵呢！等我发工资了，咱们也去吃。"等发了工资，小乔拿着鼓鼓囊囊的钱包带着女朋友去了那家西餐厅，然后当时服务生把点餐单放在小乔面前时，小乔不由得尴尬起来。原来这里哪怕是一杯最便宜的饮料也要一百多块钱，小乔与女朋友吃这一顿饭，会把他们一个月的房租都吃掉。女朋友看着菜单，也有些尴尬，站在他们旁边的侍者似乎看出了他们的窘迫，尽管保持着表面上的礼貌，实际上已经透露出丝丝轻蔑的表情。小乔知道事到如今只能打肿脸充胖子，根本不能直接起身离开，为此他点了两个最便宜的套餐。这顿饭，他和女朋友相对无言，默默地吃着无滋无味的饭菜，就连牛排吃在口中都丝毫没有惊艳的感觉。

离开这家餐厅之后，小乔和女朋友两个人几乎是逃离了三里屯，虽然三里屯附近还有很多美味的小吃值得消遣，但是小乔再也不想来这里。没过多久，女朋友就向小乔提出了分手，小乔知道是那一顿饭伤了女朋友的心，也让女朋友从耐心等待变得不想再继续等下去。为了挽回女朋友，小乔辞掉设计师的工作，先是去考公务员，被淘汰后又去应聘销售工作。小乔的心思很简单，既然不能当官，那就多挣点儿钱吧，也能给女朋友一定的安全感。然而小乔根本不适合销售工作，几个月过去，他只能拿到微薄的底薪，连维持正常的生活都很困难。最终，女朋友还是毅然决然地离开小乔，不知道为何，小乔居然感到莫名的轻松。小乔重新做回自己最喜欢的设计师工作。因为喜爱，他对设计工作得心应手，总是有很多好的创意和灵感。几年之后，小乔已经成为业内非常出名的设计师，年薪百万。然后，每当想起女朋友，想起无奈的分手，他还是觉得内心怅然。

一天，小乔坐在自己亲手设计的餐厅里喝茶，突然听到隔壁的包间里传来熟悉的声音，他不由得激动起来。那声音真是他的前女友，隔着隔断的墙壁，小乔清晰地听见前女友正在赞美这家餐厅的装修独具特色，优雅不俗。小乔心中释然，也许这才是最完美的结果吧。

为了挽回女友，小乔有一段时间迷失了自己，先是去考公务员，遭遇失败，后来又去从事房产推销工作，却发现自己并不适合销售行业。

直到女朋友离开，小乔才有勇气重新回归到自己喜欢的工作上。他从一个小小的设计员开始做起，最终成为了行业内大名鼎鼎的设计师，年薪也水涨船高，不知道翻了多少倍。只是小乔每到回想起与前女友分手的过程，心中还是怅然，而命运总是阴差阳错，让前女友坐在他亲手设计的餐馆里吃饭，让他亲耳听到前女友对这些设计赞不绝口，也许这就是对小乔最好的认可吧。

人也许可以舍弃很多东西，因为生命中的很多东西都是负累，并非是必不可少的，但是一个人却不能轻易放弃自己的梦想，唯有坚持梦想，人生才能突破困境，获得更好的发展。

生命不息，折腾不止

面对自己不那么令人满意的人生，很多人的说辞就是“我没有生在好时候”，的确，这个理由简直无懈可击，因为没有人能决定自己何时出生，生在哪个年代，或者生在哪个家庭中。因而把人生中的不满都推归于出生，那么就再也没有人能够说出指责的话来。殊不知，恰恰是这句话让当事者也对人生疏于努力，彻底放弃人生，因为让他们已经为自己找到了最好的借口和理由，让自己继续懈怠和松散下去。

什么时候才是好时候呢？可以说从来没有人真心觉得自己生在好时

候，这是因为生活中总是有太多的不如意，正如应了那句话，人生不如意十之八九，也正因为如此，所以人生总是会有更多的遗憾。那么，生在什么时候真的会决定一个人的一生吗？也许大环境对人的影响是不容忽视的，但是一个真正敢于奋斗、努力折腾的人，却从不会在安逸的生活中让自己沉沦下去。哪怕外界的环境充满艰难坎坷，他们也总能找出理由激励自己，让自己不断地努力奋进，最终活出从容潇洒的境界。

我们必须认清楚一点，那就是不要把人生的波澜起伏归咎于出生的年代不好，因为每个人的人生都把握在自己的手中，只有真正掌握命运，人才能驾驶命运的帆船扬帆远航。否则，哪怕出生的年代再好，如果自己不努力，也是完全没有办法操控人生的。很多时候，过于安逸的生活也会让人变得不愿意折腾，其实是安逸磨灭了人的斗志，而并非与出生的时代有关。所以人们常说时势造英雄，是因为在乱世之中，人被逼得不得不折腾，不得不努力奋斗，最终反而彻底扭转了命运的模式。由此可见，被逼上绝路也并非是一件坏事，因为这个世界上真的是天无绝人之路。在绝路上，只要脑子活泛一些，又因为无路可退，所以反而能够破釜沉舟，让自己真正做出伟大的事业。

一直以来，妈妈都说自己没有生在好时候，是因为她出生的时候国家贫穷困难，而她又生在一个子女众多的家庭中，为了响应上山下乡的号召，排行老三的妈妈义无反顾地去了新疆。妈妈在新疆整整待了十年，新疆可以说是她的第二故乡，她在新疆每天都辛苦劳累，不知道在辽阔的土地上挥洒了多少汗水和泪水。直到二十八岁，妈妈才回到了自己的出生地，回到了姥姥姥爷身边。离开新疆的时候，为了作为纪念，妈妈居然万里迢迢背回来一个大木墩儿，送给姥姥姥爷当菜板。如今我都已经二十多岁了，但是每当我想要抱起大菜板，却发现哪怕用尽全身的力量，也很难抱起来。我简直难以想象看似柔弱的妈妈当初是如何辗转万里之遥把这个沉重无比的大家伙抱回来的。

妈妈回到出生地之后，就进入一家工厂当工人，然而在辛辛苦苦干了二十多年还没等到退休的年纪，妈妈就被工厂辞退了。说是辞退，实际上是内退，也就是说妈妈还可以照常拿退休金。从这时开始，妈妈再也不说自己没赶上好时候，因为她已经无暇去说。面对着上大学需要学费的我，她只能四处奔波，寻找生路。她批发了很多衣服四处售卖，就连我们整个大家庭聚餐的时候，她都会带着几件样品去推销给兄弟姐妹。

有一段时间，服装不好卖，妈妈又开始卖化妆品。同样的套路，她再次用了一遍，然而这一次效果很不好。毕竟家里的亲戚朋友也许能照顾一次他的生意，却不能经常照顾她的生意。后来兴起了保险，妈妈就成为了全镇第一批保险业务员。刚开始时，她的保险业务推销得很不顺利，因为当时的人根本就没有保险意识，所以妈妈也只能靠着卖给亲戚朋友，才能有一些收入。此后，妈妈还干过房产中介、职业介绍所、家政服务公司等。总而言之，妈妈绝对验证了生命不息，折腾不止那句话。

十几年的时间过去，妈妈终于熬到了退休的年纪，过上了踏踏实实的退休生活。然而忙碌惯了的她此刻已经闲不下来了，虽然不用再为生活发愁，作为她唯一的儿子——我也已经有了工作，拿着丰厚的薪水，但是她却又开始折腾起来。她开了一家卖磁疗床的店，推销这种新兴的保健玩意儿给老大爷老大妈和拥有保健意识的年轻人。看着妈妈折腾的样子，我不由得感慨：也许正因为折腾，妈妈才能青春永驻吧！

生命不息，折腾不止，并不只是针对年轻人的，而是针对每一个人。相比起很多成功的人而言，普通人的人生也许会更加平淡顺遂，反而是他们在真正获得成功之前都经历了大风大浪。然而一个人要想真正获得成功，首先就要突破自己，不要从内心深处禁锢自己，才能让自己更加有尊严地活着。

现代职场上，很多年轻人都会觉得备受打击和折磨，他们总觉得自己的能力很高，然而却始终找不到合适的平台发展自己。有的时候，他们因为能力不足被单位开除了，还会觉得委屈万分。实际上，每一段人生经历都不是白费的，一个人只要始终心怀希望，不愿意放弃，那么他总能养活自己，也总能在吃苦的年纪中拼搏出属于自己的精彩人生。

第05章

越努力，越幸运

每个人在呱呱坠地的时候，总是以嘹亮的哭声宣告自己的到来，这也就预示着在漫长的人生过程中，哭泣总会伴随着我们。曾经有名人说过，与其哭着度过一天，不如笑着度过一天，然而泪水却是人生最好的发泄方式，既能让人宣泄自己的感情，从而充满力量继续面对人生，也能让人承担起人生中更多的辛苦。人们常说，越努力越幸运，实际上这句话说起来容易，真正要做到却很难。在饱尝失败的打击之后，我们要如何努力才能让自己抓住幸运的尾巴，也让自己的人生不再厄运连连呢？

谁的成长不是浸润着泪水

这个世界上谁不曾哭过呢，新生儿从呱呱坠地开始，如果不哭，医生护士还会拍拍屁股，让他哭得嘹亮。这哭声是小生命正在宣告，让人们知道他已经降临这个世界，也让人们知道这个世界上从此又有了一个倔强的、不服输的生命。经验丰富的妇产科医生总是能够从婴儿的哭声中判断婴儿的性格，甚至知道婴儿的脾气秉性，这实在是因为不同的哭声代表着丰富的含义，例如有的婴儿哭声柔软，有的婴儿哭声尖锐。然而，即便在成长之后，人也要总是经常面临生活的不如意，甚至要遭受突如其来的打击。当眼泪流下来的那一瞬，心灵似乎找到了缺口释放，所以流泪并不是一件糟糕的事情，尤其是在难过时不如就踏踏实实地哭一会儿，只有当哭过之后才能有力量，接着继续往前奔跑。

很多时候，我们羡慕他人的成长之路一帆风顺，却不知道他人在笑容背后也隐含了很多的泪水。每个人的成长都浸透了泪水，从呱呱坠地的新生儿到成为一个坚强独立的成年人，泪水浸润了我们成长的整个过程。有些人总是对于哭泣产生误解，觉得哭泣是女性的权利，作为男人一定要坚强勇敢，绝不有泪轻弹。实际上，不管对于男人还是女人而言，哭泣都是人生中必不可少的，这是因为人都吃五谷杂粮，都有七情六欲，都会遇到人生的喜怒哀乐惧，那么流泪也就成了理所当然的事情。在很多情况下，如果伤心欲绝而强忍着眼泪不流出来，反而会对身体和心灵造成更大的伤害。

有个女孩从小就命运坎坷，年幼的时候就失去母亲，后来虽然非常努力地学习，也考上了大学，但是个人感情方面却很不顺利，结婚之后又遭遇了离婚。再后来，她的父亲身患重病去世，女孩至此心灰意冷，再也不想在这个红尘俗世上遭受折磨。把父亲入土为安之后，她决定抛弃一切剃发出家，从此再也不为这个世界所烦恼。

寺庙里的师太看着女孩满脸泪痕的样子，意识到她一定是遇到了人生中迈不过去的坎，为此住持决定留她在寺庙里小住几天。实际上，住持早已决定不收留她，因而只对她说要给她一些时间适应寺庙里的生活。

女孩远离尘世，每天都与寺庙里的尼姑为伴，每当尼姑诵经的时候，她的心就会感到莫名的悲伤。看起来她很平静，实际上她的心没有片刻安宁。每当想起过往的人生中种种的不如意，她总是泪水涟涟。几天之后，师太感觉她的情绪渐渐平静，因而对她说："你的尘缘未尽，不应该出家，还是去红尘续命吧。"听到师太的话，女孩简直绝望透顶，不管她怎么苦苦哀求，师太都不愿意收留她。女孩无论如何也想不通，为何自己连出家都会遭到拒绝呢？人生还会糟糕到何种程度呢？经历了这一番折腾，她原本一心想要出家，现在却有些怄气了：连寺庙都不愿意收留我，我就不相信阎王爷愿意收留我。既然小鬼都怕我三分，那我就拿出自己这条命去狠狠地摔打，我相信我一定能够战胜厄运。有了这种想法之后，女孩的心中不再绝望了。回到都市，她开始马不停蹄地为找工作，租房子，然后逼迫自己全力以赴地生活。每当觉得累的连话都不想说的时候，她就暗暗告诉自己：你又不能出家，又不能去死，那么你就只能好好活着！就这样，女孩一路奔跑，不知不觉间居然跑出了人生的幸运。几年之后，她攒够了买房子的首付，为自己安置了一个家。后来，坚强努力的她得到了意中人的青睐，重新组建了家庭，从此之后过着幸福的生活。

对于女孩而言，她的人生已经被泪水浸透了，所以她才会心灰意冷，想要出家。然而，寺庙的师太看出来她根本尘缘未尽，只是一时绝望才想放弃人生，因而不想收留她出家，而只是想让她在寺庙中住几日，清净清净内心。很多人都会以为自己已经进入人生的绝境，然而当时间流逝，他们才发现曾经遭遇的坎坷苦痛并不是人生的绝境，只要更好地面对这一切，才能真正操控和把握人生。

曾经有记者采访一位百岁老人，问他在活过百年之后，对人生有怎样的理解和感悟。老人只说了一个字，那就是——熬。熬字告诉我们，人生二字虽然简单，但是却形象地描绘出老人对人生的感悟。的确，人生是需要熬的，不管是遇到开心的事，还是遇到艰难的事，都要等待事情过去迎接崭新人生的到来。因此朋友们，当你真的感到伤心绝望的时候，不如大哭一场，只是记得要在哭过之后继续上路，人生才会迎接美好。

青春的意义，是让你感受生命的疼痛

从各种各样的影视剧中，我们得到了太多的误解，觉得青春就是轻舞飞扬，就是一切都热情而美好，都充满激情，都让人心生希望。实际上，青春从来不是这样的，真正的青春该有成长的颜色和疼痛。因为年轻人对世界懵懂无知，总是会做出各种各样的错误举动，甚至导致自己无路可退。因而面对青春，我们只有一颗充满激情的心是不够的，更要沉静下来，做好准备迎接青春阵痛的到来。有人说，青春的目的是为了体验疼痛，这句话其实很有道理。谁的成长不是经历疼痛才得到的呢？很多人都喜欢喝陈年的老酒，因为觉得老酒更加香醇，殊不知老酒的香醇要经历漫长的发酵。还有人喜欢珍珠，因为珍珠圆润光滑，色泽美好，却不知道形成一粒沙子要在珠母中度过漫长的黑暗岁月，才能最终在珠母分泌物的包裹下变得圆润透亮。可见一切美好的事物都是要经历痛苦的包裹，才能最终成型。就像人生从来不是一帆风顺的，没有人的人生能够顺遂如意，大多数人的人生都要经历各种不如意和磨难，才能最终破茧成蝶，凤凰涅槃。

不要再抱怨青春不像想象中那么美好，青春的目的就是感受痛苦，只有疼痛才能让青春更真实，也让生命更有沉甸甸的分量。经历过疼痛的青春，为我们积累生命的经验，帮助获得不断成长。记住，没有任何人能够不经历疼痛就来到这个世界上。小小的婴儿，在经历母亲产道的挤压时，也一定感受到疼痛，但是这样的疼痛和挤压却让他们的身体更健康，也让他们能够发出嘹亮的哭喊声宣告自己的到来。所以说，青春就是一场蜕变，我们必须不断地推掉厚重的硬壳，不断突破自己，才能最终轻舞飞扬。只有经历了严酷的考验，青春才能够真正绽放出绚烂的光彩。

小可是一名高二学生，情窦初开，也正在享受美好的初恋。在品尝到爱情甜美的滋味之后，小可开始饱受爱情的折磨，因为她与男朋友经常会因为各种事情发生争吵，这使得她原本平静淡然的心变得如同水流湍急的溪水，总是时不时地撞在一块尖锐的石头上。直到有一天，男朋友向她提出分手，说他们之间性格不合，总是发生冷战或者是吵得不可开交，她才意识到只有分开才是彻底的解决之道。经过这段恋情，小可痛彻心扉，但是她还是不愿意接受分手的现实。她总觉得这是自己的初恋，而她曾经的梦想就是能与初恋携手走进婚姻的殿堂。等小可把自己的苦恼告诉小姨时，小姨不由得觉得好笑，但是小姨却没表现出嘲笑小可的意思，因而语重心长地对小可说："小可，在这个世界上能够与初恋走入婚姻殿堂的人少之又少，你知道这是为什么吗？"

听到小姨的话，小可觉得很惊讶，难道大家的梦想不都是与自己的初恋执子之手，与子偕老吗？小姨似乎看透了小可的心思，笑着说：“你可真是一个小姑娘，大概是偶像剧看多了，所以才会对爱情有这么不切实际的幻想。大多数初恋在一起都缺乏彼此的了解，而且因为都是第一次谈恋爱，所以根本不知道怎样才能与对方好好相处。因此，当你真正成熟，你会意识到所谓初恋就是互相成长，互相来尝试如何面对爱情的。”小姨的话让小可陷入沉思，也不免觉得很失望：“原来你们大人都是这么理解初恋的，我却觉得初恋是惊天动地，不能舍弃的。”小姨又说：“那么你再想一想，如果两个不合适的人非要勉强在一起，还有什么意思呢？就像很多成人在结婚之后，如果觉得双方性格不合也会选择离婚一样，勉强把自己与初恋捆绑在一起，结果就一定会好吗？”小可陷入沉思，最终小可还是接受了分手的事实。

既然男朋友提出了分手，小可当然也不能死乞白赖地纠缠男朋友。在同意男友分手的请求之后，小可从此之后把所有的时间和精力都用于学习上。在高考时小可取得了优异的成绩，考上了理想的大学。这时，小可心中对于初恋的怨气才完全消失。她说：“我应该感谢他当初提出分手，否则我真不知道两个人总是吵架，又如何能够把学习学好呢？现在，我才知道两个人在一起应该相互包容，而不是彼此指责，所以我应该已经做好准备迎接下一场恋爱的到来了。”

在体验过受伤的初恋之后，小可感受到了彻骨的疼痛，又在真正度过痛苦的阶段之后，她才能够释然。人生之中总有很多第一次等待着我们去经历，大多数年轻人在没有任何思想准备的情况下，总是要承受青春的疼痛。当这种痛苦突如其来发生在我们的身上，没有任何的缓冲，我们一定会觉得难以面对和接受。甚至有些年轻人会问自己：为什么要说美好的青春岁月，完全就是悲惨的青春岁月。其实人对于痛苦的感受，不管是身体上的疼痛还是心里的疼痛，都会情不自禁地想要逃避。曾经有心理学家指出，人逃避痛苦的欲望甚至超过追求幸福的欲望，所以在沉浸于痛苦之中时，年轻人往往很难看到痛苦的价值和意义，只有等到走过那段岁月再回首，才能意识到自己正是因为经历了痛苦才获得了成长。

每个都需要知道的是，命运从来不会让任何人白白承受痛苦，而是会让每一个人在伤口结疤之后拥有淡然从容。现实生活中，我们常常羡慕有些人总是非常冷静沉着，却不知道他们的淡然是建立在曾经的痛苦之上的。作为年轻人，哪怕承受痛苦让我们无法忍耐，我们也依然要去勇敢尝试，也依然要在面对痛苦时坚强地支撑过去。上天给了我们青春的岁月，不是为了让我们纵情肆意地享受青春，而是要让我们在身强力壮的时候，一次一次受到伤害，再一次一次地帮助自己愈合，从而我们的身心才会更加强壮。所以说青春的本质不是无限风光，而是品味和承受疼痛。也许唯有在青春的时光里尽情地尝一尝疼痛的滋味，你对人生才会有更加深刻的感悟。

一路舍弃与告别，才能不断成长

孩子初入幼儿园大概在三岁前后，会出现明显的亲社会行为，会积极地结交朋友，也会因为自己多了一个朋友而非常高兴。等到进入青春期时，大概十二岁左右，孩子会渐渐疏离父母，而亲近朋友。这是因为朋友的陪伴是父母无法取代的，在青春正好的时候，我们总会遇到很多人相同年纪、相似爱好，甚至脾气秉性都很投合的人。再加上都有着青春的热情和朝气，与朋友之间的相处也变得尤其新鲜。很多朋友甚至好到穿一条裤子，一起吃饭睡觉，一起相约与人打架，一起喝酒到微醺，一起对天发誓要生生世世永远在一起。然而，随着生命的不断流逝，曾经年轻的我们渐渐成熟，却再也难以找到如同当年一样心灵默契的朋友。这是为什么呢？

每个人都是这个世界上独一无二的个体，每个人对自己的人生都有不同的规划和目的。随着不断成长，我们走出校园，脱离了单纯的学校生活，步入社会后从事着不同的工作，在不同的岗位上拼搏和奋斗。渐渐地，你会发现曾经与朋友之间的相似和相同都消失了，还会发现自己与朋友变得完全不同。随着人生半径不断扩大，我们的人生经验越来越丰富，因而失去了当初与朋友在一起疯狂的激情。时光把你和朋友变成两路人，朋友之间既要珍惜彼此之间的缘分，也要能适应如今的渐行渐远。

大学毕业后，小米和小叶这一对好闺蜜因为工作的原因分别了，小米回到家乡，在父母的人脉资源下，进入政府机关工作，小叶则去了大城市努力打拼。一开始，小米担心小叶在大城市中生存艰难。但是几年过去之后，小米发现小叶有了很大的改变。

小米在老家过着单位和家两点一线的生活，小叶却在大城市里挤着公交车，经常加夜班，住在地下室，时不时地也会感到心力交瘁。但是小叶从来没有想过放弃过在城市的生活，她坚信自己只要坚持，最终一定能够获得成功。不论多么艰难，小叶都始终在坚守，几年之后，她的工作上有了很好的发展。等到小叶衣锦还乡的时候，突然发现自己和小米之间失去了共同语言。当小米说起那些家常里短的时，小叶总是觉得很心烦，而当小叶说起在大城市生活的好处，小米总是无法理解。小叶告诉小米每天上班至少要一个小时才能到达单位，有的人甚至来回要三四个小时，小米总是惊讶地说："这样的工作还有什么意义呢，把一天之中大多数的时间都耗费在路上。"小叶说："你以为呢，大城市可不像在家里上个班十分钟就能到。大城市地方大，靠着工作单位的地方往往寸土寸金，房价贵，所以很多人哪怕租房，一开始只能在郊外立足，或者租住在城里的地下室。地下室条件很差，连手机信号都没有，住在郊外虽然远，但是条件好些，不过每天都要花费巨大的时间成本上班。等到经济条件渐渐好转，就可以在单位附近租房，甚至买房，这样一来生活质量也就能提升一个层次了。"

随着彼此之间交谈越来越意兴阑珊，小叶在回家之后虽然依然会和小米见面，但是彼此都觉得有些生疏。曾经在大学期间好得睡一张床、穿一条裙子的小米和小叶，终于在成长的过程中渐行渐远。她们一个人生活在安逸的四五线小城镇，一个人生活在每天都节奏很快的大城市，可想而知，她们之间必然越来越缺乏共同的话题和语言。

这就是成长的本质，很多人以为小时候一起穿开裆裤长大的朋友，长大了以后也依然是铁哥们、好闺蜜。殊不知，沟通是人与人之间最重要的交流媒介一旦沟通出现问题，缺乏共同的话题，或者没有共同的语言，那么彼此之间就会越来越疏远。这就像是夫妻之间的关系，很多夫妻结婚时的确是真爱，但是随着一方不断进步，而另一方止步不前，他们渐渐的就会相差甚远，直到感情破裂。因而不管对于朋友还是对于夫妻而言，最重要的就是保持共同进步的姿态，否则成长的过程中就会越来越遥远，而最终我们也不得不舍弃那些不合拍的人与事情。成长，使得与我们相距遥远的一切最终会成为记忆中最美好的回忆。

每个人对于人生都会有憧憬和渴望，哪怕对朋友，人们也会有一些期望值。古人云，人生得一知己足矣，实际上大多数人在人生中未必会能有一个知己。虽然人是群居动物，然而人的本质又注定了人是孤独的。每个人都希望有人能听懂自己的快乐和苦恼，每个人也都希望别人能够明白自己的心意。当人与人之间拥有心意相通的感觉，当然会觉得很默契，然而这样的默契并非在人人之间都有，甚至有些夫妻在一起生活一辈子，也达不到默契的程度。当婚姻这么尴尬地存在，我们可以选择挥挥手告别这段婚姻，也可以选择包容，努力改变自己来适应他人。

对于朋友也是如此，朋友之间是相互理解和体谅，还是彼此仇视，决定了友情的发展方向。

有人说，友谊是非常纯粹的，实际上友谊也是很现实的。对于两个原本关系亲密的朋友而言，如果一方的成长跟不上另一方快速的脚步，那么彼此之间的差距就会越来越大。也许我们可以凭着旧时的感情去维护友谊，但是当差距达到一定程度的时候，彼此就无法实现心灵上的交流和契合。所以不管是否愿意，我们都必须承认这个世界上的很多人和事都要靠缘分才能相依相守，而所谓的成长，让我们不断告别和舍弃一些人和事，也让我们不断地结识更多的朋友。对于人生而言，舍弃是大智慧，面对失去的那些东西，我们也无须伤感，因为当我们一路前行，不断奔跑，我们必然会遇到与我们更加心灵契合的人。

人生中，没有一段经历是白费的

人生中没有任何一段经历是白白经历的，那些让我们悔不当初的事情，等到经历过后再回头去看，我们就会发现这些经历对于人生有着与众不同的意义。最重要的在于我们要坦然接受这些事情的存在，要勇敢地迎接这些事情的到来，而不要总是怀着排斥与对抗的心态与自己较劲，否则就无法从容地享受人生，也无法让自己得到成长和提升。

如果问大家是否曾经有过让自己后悔的事情，相信每个人都会点头说有。这是因为人总是贪心的，对人生有太多的欲望和太高的要求，因而在面对人生的时候总是不断地沉沦下去。假如人们对于人生有太多的抱怨，就只能看到人生中不如意的地方。反过来，如果人们能够调整好心态，看到人生对自己的馈赠，那么他们也就能够更加积极乐观地面对人生，从而让人生变得充实而又快乐。

这个世界上并没有后悔药，很多时候当我们情急之下做出让自己懊悔的举动，并没有机会去改正。这样一来，我们唯有不断地砥砺前行，承受一切的责任和后果，才能更加从容面对人生。既然如此，我们就没有必要陷入无尽的懊悔之中，人生有三天，昨天，今天和明天。毋庸置疑，昨天已经成为不可改变的历史，而今天才是我们真正能够把握的一天，也是人生中此时此刻正在流淌的唯一的一天。一个人，如果憧憬美好的明天，就必须过好今天，才能让今天为明天铺垫基础，否则，如果我们在今天懊悔昨天，非但无法改变昨天，也会因为错过今天而导致明天变得更糟糕。所以后悔是这个世界上最毫无意义的事情，与其花费宝贵的时间和精力去后悔，还不如让自己振作起来，立志不断提升和完善自己，让自己变得更强大。

大学毕业后，小梦回到家乡，从事着最普通的工作。因为父母想让她留在身边，作为独生女的小梦从小就很孝顺，所以她没有坚持自己的梦想，也没有和同学们一样去大城市打拼。然而家里的生活虽然安逸，却稳定得令人乏味，每天三点一线的生活，让小梦觉得自己已经提前过上了退休后的日子。为此她很不甘心，然而，此时小梦进入了进退两难的局面，当初为了给她安排好工作，爸爸妈妈花费了巨大的人力和财力，四处托人找关系，现在如果拍屁股走人，小梦觉得自己很对不起爸爸妈妈。如何才能让自己走得理所当然呢？小梦动起了心思。一个偶然的机会，同事给小梦介绍了一个男朋友，据说这个男孩在北京工作，而且很有才华。小梦毫不犹豫就同意了这门亲事，在还没有见到男孩的情况下，她就已经打定主意要借此机会离开家乡。

见到男孩之后，小梦觉得很失望，男孩身材瘦小，满头油腻，脏兮兮的。尽管父母很反对，但是小梦很想离开现在的生活，为此她不顾父母的反对，选择了闪婚。一个月之后，男孩从北京回家过春节的时候，他们就举行了婚礼。婚礼结束后，婆婆让小梦继续留在家里工作，小梦却说坚决表示自己要跟随着丈夫一起去北京。婆婆有些嫌弃地说："当初我们就是看上你有固定工作，才同意这门亲事的。"小梦也不甘示弱，说："当初要不是你儿子在北京，我也不会同意的。"除此之外，小梦还给新婚的丈夫做思想工作。就这样，婆婆终究拗不过新婚的小两口，便让小梦跟着丈夫去了北京。

到了北京之后，小梦才发现一切都与自己想象中相差甚远，这个男孩只是一个普普通通的包工头，根本不是名牌大学的毕业生。而且他生活习惯很不好，不但抽烟喝酒，还弄得自己脏兮兮的。才在一起生活了半年，小梦再也无法忍受，就决定结束这段婚姻。离婚之前，小梦发现自己已经怀孕了，为了让这段婚姻彻底结束，小梦没有把这个秘密告诉任何人，而是独自去医院终止妊娠。这段失败的婚姻，让小梦遍体鳞伤，虽然她与那个男孩没有太深的感情，但是也对这段婚姻寄予了期望。离婚之后，小梦孤身一人在北京，无依无靠，但是，她咬紧牙关不回老家，她发誓一定要在北京立足，要让自己活出个样子。

小梦学历并不高，只是大专毕业，因为找工作经历坎坷。被人以招聘为名骗过，也经历了好几份不如意的工作之后，小梦终于在一家房产公司找到了销售的工作。经历三年的奋斗，小梦以优异的业绩在公司立足。她不但拥有了好的发展前景，而且还攒够了钱付首付为自己买了一套房子。销售工作是很历练人的，如今的小梦和当初的小梦完全不同了。她始终坚持努力刻苦，终于遇到了自己的真命天子。她与那个优秀的男孩一见钟情，坠入爱河，并且走入了婚姻的殿堂。一年之后，小梦生下了一个白白胖胖的儿子，婚姻生活更加圆满幸福。每当回忆起曾经失败的婚姻，小梦坦然地说："如果没有那段失败的婚姻，也就不会有今日的我。所以我感谢那段挫折，也感谢曾经遭受的磨难。"

对于小梦而言，短暂的失败婚姻给她造成了很大的伤害，但是如果没有那段婚姻，她的人生也不会有今日的模样。所以小梦对此想得很开，也能够理智地面对自己。她知道人生苦短，唯有让自己经历更多，经验丰富，才能变得从容淡然。也许很多人的从容，都是在伤口结疤的基础上建立起来的，所以小梦很珍惜现在的生活，也从不抱怨以前的弯路。

每个人都曾经想拼尽全力回到过去，修补自己不那么完美的人生。

然而，人生的每一段经历都不会白白经历，一个人虽然不能改变过去，但是却可以活在当下，把握未来。如果一味地沉浸在懊恼和痛苦之中，反而会错失人生中最好的机遇，也导致人生变得不可收拾。这个世界上没有真正完美的人生，很多朋友都曾经看过《蝴蝶效应》。在电影中，男主角一次又一次地选择回到过去，希望得到一个完美的结局，但是他尝试了很多次都无法避免糟糕的结果。为了保全所有人，他不得不在最后一次回到过去的时候把自己喜欢的女孩儿骂跑，因为只有这样才能避免最糟糕的结果。朋友们，人生就是由很多遗憾和缺憾组成的。如果你感恩现在的自己，就不要抱怨以前的自己，因为现在的你和以前的你之间有着千丝万缕的联系。没有以前的你，就没有现在的你，所以面对生活让我们遭遇的一切，我们应该始终心怀感恩，也要在疼痛中积累人生的经验，才能让自己在人生路上不再迷茫。

接受不完美的自己，踩着错误进步

很多人都抱怨自己不够完美，有人觉得自己身材太矮小，有的人觉得自己长得太胖，有的人觉得自己皮肤不够白，有的人觉得自己脸上有雀斑，这仅仅是针对自己的容貌还不包括对于生活和工作。如果把范围扩大到对待人生方面，那么更多的人会感到愤愤不平，抱怨连天。这一切都是不完美惹的祸，而实际上，有谁的人生又是完美的呢？这个世界上根本没有绝对完美的人存在，所以我们只能接受事实，即使犯错，也要做到坦然接纳和面对自己。人非圣贤，孰能无过，知错能改，善莫大焉。古人都能参透的道理，很多现代人却根本不明白。当你认为自己不完美，而对自己抱怨连天的时候，等待着你的注定是人生中更多的麻烦，因为你有一颗充满抱怨且永不知足的心，这样一来，你又如何能够坦然面对人生的坎坷和挫折呢？

还有的人无法面对人生的错误，总觉得人生应该是没有任何错误且完美无瑕的，殊不知，婴儿从呱呱坠地就开始犯错误。在不断成长的过程中，也是错误不断，也可以说人的成长和成熟就是踩着错误进行的。在这种情况下，我们唯有更加坚定从容，才能让一切进展更加顺利。哪怕是在成人之后，我们也会不断的犯错，从而让错误暴露出问题，就像孩子通过考试认识自己学习上的不足一样，我们也要通过错误不断提升和完善自己，让自己更加成熟起来。

大学毕业后，小李好不容易才找了一份相对合心意的工作。他竭尽全力地工作，小心翼翼地与同事相处，把各种关系都处理得非常好。然而，人无完人，有一次在完成上司特意交代的重要任务时，小李不小心犯一个非常低级的错误，给公司造成了严重的损失。为此，上司狠狠批评了小李一顿，小李非常沮丧绝望，接下来大概十几天的时间里，始终情绪低沉，意志消沉，每天还时不时地在朋友圈里发一些消极的消息。一开始，小李并不知道这么做会导致事情更加糟糕，他觉得朋友圈就是发泄情绪的地方，却不知道朋友圈里也有同事，更不知道同事们之间并不是完全真诚相待的。为了利益，很多同事也会做出伤害他人的事情。果不其然，没过多久这件事情传到上司耳朵里。上司特意找到小李谈话说："小李，如果你觉得我对你的批评你不服气，你可以直接来告诉我，没有必要整天在朋友圈里向同事传递负面信息。"听到上司这么说，小李觉得很惊讶，他说："我并没有觉得你不应该批评我，我只是觉得自己不应该犯这个错误，所以我对自己很失望。"上司说："我不管你是因为什么原因，你的朋友圈里如果有同事，我希望你不要散播这样消极的能量。也会影响到同事影响到工作的效率，这样一来，必然会影响整个公司的运转。"直到此刻，小李才知道自己无心释放的情绪又得罪了上司，他为此更加沮丧，也不敢在朋友圈里发信息了。

小李回到办公室，一个老同事正好还在。看到小李难过的样子，老同事问小李怎么了，小李就把事情的前因后果说了一遍。老同事说："小李，我比你年长几岁，就有话直说了。这可不怪上司批评你，你要理解和体谅上司，毕竟是你犯错误在先。上司批评你，为你指出错误，这些都是应该的。但是后来你在朋友圈里发这些消极负面的信息，的确会让很多同事产生误会。你如果一直走不出这种情绪，那么必然降低工作效率，所以上司跟你谈话实际上是为了你好，给你敲响警钟。如果你还想在公司好好干，就要马上改变自己，端正心态，这样你才能最终展示自己的实力，赢得上司的好感。"

事例中小李的经历，相信很多年轻人都不陌生，因为年轻人初入职场，难免缺乏经验，也没有足够的技巧处理好错综复杂的关系。在工作中，年轻人因为经验不足难免会犯各种各样的错误，如果不小心犯了错被上司批评完全是正常的。只要内心能够坦然面对自己的错误，也下定决心改善和提升自己，就不会影响工作。

很多年轻人之所以因为犯错而导致职场生涯出现转折，实际上是因为他们对待错误的态度不够端正，别说是初入职场的新人了，哪怕是职场老人犯了错误，也只能乖乖接受上司的意见和建议，甚至承受上司毫不留情的批评。面对自己的错误，年轻人一定要端正态度，积极地反省自己，从而在工作上有更好的表现。

人非圣贤，孰能无过，只要是人，每个人都会犯错。一时的错误并不能代表一个人的能力高低，也不能代表这个人的品质有问题，更不能代表这个人选择的道路是否正确。当出现错误时，就像我们的身体患了疾病，那么就要对症下药，才能真正解决问题，而不要把错误无限放大，从而导致人生误入歧途，就会因为错误而使自己承受更大的损失和痛苦。

每个人都期望完美的人生，然而在这个世界上真正的完美是不存在的，我们必须首先认识自己，竭尽所能地做好自己，才能不断地提升和完善自己。有的时候，错误会把我们从完美的假象中惊醒，然而清醒并不是人生中糟糕的状态，而恰恰是人生中必须有的状态。我们唯有更加看清自己，接纳和认可自己，才能在错误中不断积累和沉淀经验，才能让自己变得更加优秀。

人生不如意十之八九

面对命运的坎坷挫折，很多人都会怨声载道，尤其是有时候命运偏偏捉弄人，不能满足人们对于人生顺遂如意的渴望，而总是让人在命运的刁难面前感到无奈和绝望。然而，时间是最好的良药，在时间的流逝中，伤痛渐渐消失，生命开始沉淀，命运则表现出最本真的样子。

人们最终会感谢命运曾经的刁难，因为每个人之所以能够成就今天的样子，或者坚强勇敢，或者行事果断，或者温柔善良，或者宽容大度，这一切都是命运的赐予。正如人们常说的，没有一段人生是白白经历的，每一段经历都会给予人更多的成长。很多人都讨厌命运的坎坷挫折，也都不愿意接受失败的苦恼，然而实际上，人生正是踩着错误不断前进的，也正是因为在错误面前的持续反思，才能保持进步的姿态。

有个女孩在大学毕业后没有从事本职工作，而是因为对文字的喜爱，改行当了编辑。刚刚入行的时候，因为并不擅长编辑这个工作，女孩儿经常出错，也因此而受到领导的批评。但正是在领导不断的挑剔和苛责下，女孩才不断努力，提升自己。她利用业余时间考了编辑证，而且在工作中总是竭尽所能做到更好，也总是抓住一切机会向老编辑请教。就这样，女孩不断进步，等到这一任领导调离岗位的时候，女孩已经成为了一个能力很强的编辑。新领导第一时间就意识到女孩的能力超群，因而特别欣赏女孩，常常赞赏女孩不但在文字方面天生敏感，而且对工作认真负责。最重要的是，女孩的工作效率非常高，很多同事一整天才能完成的工作，到了女孩手里只需要半天就能完成了，而且质量很好。为此，新领导很器重女孩，只要有重要的任务，都会交给女孩完成。

一年多之后，女孩就凭着在工作上的出色表现，成为了大名鼎鼎的金牌编辑。后来，女孩还主动花钱买了一个相机，为自己负责的版面配上精美的插图。很多人都说女孩傻，因为编辑的工资本来就不高，却要花几千块钱买相机给编辑部用。女孩很清楚这个钱看起来是花在编辑部里，实际上却提升了她的能力。果然，几年之后，女孩的照片也越拍越好。没过多久，一家杂志社就挖走了女孩，邀请女孩担任杂志社的主编。

从一个普普通通的编辑，到一个著名的主编，女孩走过了漫长而又艰难的道路。她之所以能有今日的成就，是因为她对编辑工作的热爱，也是因为她对理想的执着和热情，更是因为她在面对一切坎坷和挫折时，从未想过放弃。她的坚持成就了今日的自己，也是那些挫折和磨难，让她成为了能力超群的编辑，也让她在岗位上绽放异彩。

常言道，人生不如意十之八九，哪个人不曾遭受过生活的磨难呢？就像大才女张爱玲所说：生活是一袭华丽的袍子，里面长满了虱子。大多数人生也许表面看起来光鲜亮丽，但实际上内心都有着不可言说的苦痛。即使是在最轻松悠闲的青春岁月中，我们也会遇到各种各样的问题，就像前文所说的，疼痛是青春的感受，所以我们必须让自己坚强起来，忘记那些使人遗憾和憎恨的事情。唯有坦然接受疼痛，将其视为人生必不可少的一部分，这样才能在经历艰难挫折之后，最终到达人生的彼岸。

第06章

年轻就是不怕吃苦，不怕后悔

人生之中至高的境界就是无怨也无悔。如果面对人生做出一个决定，但是没过多久就后悔了，那么人生一定很失败。每一个处于青春年华的人，都有年轻作为资本，虽然不能因此而肆意挥霍青春，但是却要拥有不怕吃苦、不怕后悔的精神，唯有如此，人生才能开足马力奋发向前，也才能变得更充实和辉煌。

人生经不起等待，年轻才是最大的资本

人与人的先天条件其实相差不多，为什么在成长的过程中，有的人越来越接近成功，而有的人却只能与失败纠缠不休呢？这并不是因为天赋不同，而是因为有些人哪怕遭遇失败和坎坷，也依然能够坚定信心，让自己坚强不屈，勇往直前。而有的人在面对人生的挫折时，总是像泄了气的皮球一样，从内心里就放弃了努力，这使得他们无论怎样也无法成就自己，更无法到达人生理想的彼岸。

每个人对人生的态度都是不同的，总体而言，可以把人生态度分成两类，一种人生态度是积极向上的，而另一种人生态度是消极悲观的。前者在人生之中能够作为主动出击的强者，而后者在人生之中只能作为被动承受的弱者，所以他们会有截然不同的命运，也会得到不同的人生收获。正如人们常说的，性格决定命运，这其实也是有道理的。遗传学理论告诉我们，胆汁质和多血质性格的人往往更加勇敢，越是在艰难的处境中，他们越是会鼓起战胜困难的勇气。相比之下，黏液质性格的人则非常胆小怯懦，他们总是犹豫不决，止步不前，对于人生的未来缺乏

信心。由此可见，对人生始终保持信心，勇往直前才是最重要的。

偏偏有很多人在面对人生的困境时都止步不前，他们希望等待最佳的时机出现，也觉得此时此刻不是最好的出击时机。实际上，最佳的时机永远都不会出现。对于任何人而言，当鼓起勇气真正开始行动的时候，就是最佳的时机。唯有用理想和信念支撑自己，每个人才能变得更勇敢和强大，也才能毫不迟疑地重拳出击。记住，人生没有等来的辉煌，只有成为人生中的主动者，成为人生中的强者，才能真正操控和把握人生。

很久以前，波斯的国王想挑选一位勇士配合自己治理国家。国王想找一位真正的勇士，这位勇士必须具有不同常人的勇气，才能担当起至关重要的责任。为此，国王把全国所有有勇有谋的官员都集中到一起，想从他们之间挑选那个最有勇气的人。

国王带着所有官员来到一座大门面前，这座大门非常高大，看起来也很厚实沉重。国王对官员们说："你们每个人都有勇有谋，现在你们面对的是全国最沉重、最高大的门，遗憾的是这么多年来从没有人能够打开过这扇门。我想挑选一位最勇敢的人，作为我的左膀右臂和我一起治理国家，所以你们之中如果有人能够打开这座门，解决一直以来的难题，那么我愿意重用他，给他前所未有的至高地位。"国王话音刚落，很多官员就瞪大眼睛看着那座大门。仅仅是看看，就能感受到这座大门的沉重，因此官员们甚至更不想靠近大门。他们接连摇头，有几位官员在好奇心的驱使下走近大门，认真观看，但是他们内心很恐惧，在确定自己根本无法推开这座沉重的门之后，就又退了回去。看到他们查看大门之后的表现，其他在远处的官员更加泄气，他们甚至连试都不想试，看都不想看大门。

正当大家议论纷纷的时候，有一位官员走到这座沉重的大门前。他先认真地观察大门，围着大门前前后后走了一圈，然后用手在大门上认真地摸索。经过一段时间的摸索之后，他发现大门旁边有一根非常粗壮的铁链，然而他只是把铁链拿起来，甚至没有怎么花费力气，这座沉重的大门居然被打开了。其他的官员全都惊讶地张大嘴巴，不知道为什么会这样。这时候，国王对那位最勇敢的官员说："以后就请你来担任朝廷里面最重要的职务吧，因为你没有被我所说的和他人所表现出来的样子吓到，在大家都纷纷放弃的时候，你却能够认真细致地进行观察，并且鼓起勇气来尝试。勇气，使你成为全国第一勇士。"其他官员懊恼极了，因为他们也完全有力气打开大门。然而，国王对其他官员说："你们并不是被大门吓到的，而是被自己胆小怯懦的心吓到。你们之中，只有少数人有勇气走到大门旁看一看，但是却没有勇气真正尝试推开大门。大多数人甚至连走近的勇气都没有，就先否定了自己。人生经不起等待，如果你们能够勇敢地尝试一下，那么高官厚禄就是属于你们的。"此时此刻，不管其他官员多么懊悔，也都无力回天了。

现实生活中，有很多人也和故事中的大臣一样，他们并不是被真正的难题吓倒，而是被自己的胆小怯懦吓倒。当他们觉得希望渺茫的时候，就不愿意真正去尝试，从而导致与千载难逢的好机会失之交臂。而那位大臣并非是侥幸才获得成功的，最重要的是他有一颗勇敢的、不甘失败的心，所以哪怕面对沉重得足以吓退所有人的大门，他也依然勇敢向前，并且真正展开行动去做。实际上，在成功者与失败者之间有一道非常明显的分水岭，这道分水岭并不是他们之间的实质性差距，而在于他们的勇气。如果失败者也能鼓起勇气，抓住从自己面前经过的机会，那么他们就能激发出自身的力量，创造伟大的事业。正如一位名人所说的，每个人最大的敌人就是自己，同样的道理，失败者最大的敌人也是自己。当失败者能够战胜自己，他必然能够获得成功。

有人会说自己天生软弱，实际上一个人是不可能天生软弱的，也不可能天生就非常勇敢。勇敢和软弱，是人们在成长过程中所选择的对待外界的态度。只要一个人找到让自己勇敢的理由，他们就能真正变得勇敢起来，他们也会有勇气战胜接踵而至的困难，获得更伟大的成功。

不辛苦，就不是青春

人性的弱点就是懒惰，所以现实生活中总有些人故意拖延，也有人因为懒惰而不能让自己活得随心所愿。懒惰在人性之中具有普遍性，尤其是当我们对于自己所做的事情并不感兴趣，无法激起自己的斗志时，懒惰就会趁虚而入。为此，我们一定要对懒惰产生警惕心理，当出现懒惰的念头时，首先应该暗示自己懒惰的人不配拥有想要的生活。

不同的人身上，懒惰都会表现出不同的特点，例如很多孩子为了逃避学习故意逃学，在网吧之中流连忘返，还有很多职场人士为了拖延工作而想出各种各样的借口，直到最后一刻才迫于无奈不得不应付了事。也许大多数人都不愿意承认自己是懒惰的，然而说起拖延来，几乎每个人都深有体会。不管是孩子还是成人，拖延都已经成为非常明显的表现。

没有人能够不劳而获，也没有人能够一蹴而就获得成功。懒惰的人总是不愿意做任何事情，因为他们只喜欢幻想，也喜欢只需要动动脑筋想一想就能得到自己想要的一切。当然这是不可能的，因为世界上没有免费的午餐，更没有一蹴而就的成功。当一个人只是在空想、幻想，那么他的人生必然黯然失色。曾经有一个伟大的人走遍了世界的每一个角落，他见多识广，对于人性有深刻的认识。当有人问起他全世界各地的人之间有没有共同点时，他说："所有的人都是好逸恶劳的。"由此可见，懒惰实在已经成为人类进步路上的一大障碍。聪明的朋友，从来不会对懒惰妥协，他们不希望人生怨声载道，也不希望人生毫无希望，所以面对懒惰，我们必须打起十二分的精神，与懒惰做斗争，也让懒惰对我们无从下手。

从进入大学的第一天起，张萌就为自己制订了严格的学习计划。其实他的想法是非常好的，他希望自己在大学中的每一天都能充实地度过。他决定每天早上六点起床，读半个小时单词，跑半个小时步，然后再洗漱吃早餐，去教室上课。他还希望自己能够在大学期间完成英语的考级，获得专业英语八级证书，这样他未来找工作时就会拥有更多的资本。他也希望自己能够在大学期间获得学生会主席的职务，从而带领全校同学享受精彩的大学生活，也让自己未来找工作时更顺利。然而，转眼之间大学四年过去了，张萌没有任何一天早晨能够六点钟按时起床，他总是睡到八九点钟才起床，有的时候甚至连第一堂课都来不及赶去上。他也没有完成英语的考级，因为他从未按照计划每天读半小时英语，他甚至不能坚持每天背诵十个英语单词。大学专业英语八级，又岂是那么容易通过的呢?

毕业在即，看到同学们全都找到了合适的工作，而自己哪怕四处奔波，却始终找不到适宜的工作，张萌才意识到自己已经无可挽回地错过了大学的学习机会。他懊悔莫及，然而大学四年一去不返，他不可能再重新读一遍大学。也许在大学中缺失的一切，只能等到参加工作之后才能找机会弥补了。然而，如果张萌始终不改掉懒惰的毛病，总是把自己完美的计划无限拖延下去，那么可以想象他的未来会更加糟糕，甚至他的工作也令人堪忧。

对于一个人来说，哪怕脑子笨一些，动作慢一些，都没有关系，怕就怕他在一个地方保持同样的姿态待得时间太长，就根本不想挪动自己的脚步去新的地方看一看走一走。有人说脑子就像刀越磨越快一样，越用越灵光。的确如此，如果我们长时间疏于用脑，那么大脑就会变得僵化，甚至产生功能性的退缩。最糟糕的是，长时间懒惰和拖延还会让人的精神变得麻木，甚至对于潜在的风险也无法准确识别出来，缺乏随机应变的能力。现实生活中，有一个词语叫“温水煮青蛙”。如果把青蛙放入沸水中，青蛙一定会马上跳出来，然而如果把青蛙放在温水之中，慢慢地加热青蛙就会觉得很舒服，甚至还会因此而麻痹大意，直到他感觉身体疲软无力，想要逃走的时候，却已经为时晚矣。

要想保持人生的活力，最重要的就是必须马上行动起来，不要总是处于松散懈怠的状态，否则如果当惰性占据人性中的主导地位，那么一切的优点都会被惰性掩盖。现实生活中，人们形容那些容易满足的人认为小富即安，就是因为那些人有了小小的成绩不思进取，所以导致生活非但不能保持原样，反而不断退步，这就是人们常说的生活如逆水行舟。的确没有人能够让自己始终维持原样，当整个时代都在进步，而我们却止步不前时，那么我们注定要被抛弃。最明显的表现是，如果一个人懒得运动，那么他身体的状况就会越来越差，也会患上各种各样的疾病，甚至因此而威胁到生命。所以要想拥有健康的身体，我们就必须动起来，让自己每天都保持充沛的精力，才能成为健康的人。当然，克服懒惰是很难的，因为懒惰是人本能的劣根，所以我们必须每时每刻都保持警惕，让自己拥有顽强的意志力和强大的内心，这样我们的人生才会动力无限，活力十足。

别拿工作当钟撞击

当令职场竞争越发激烈，当每个人都举着大学本科的文凭，甚至研究生或者博士的文凭而急迫着想要进入一个更好的企业，不得不说，学历已经不是最重要的衡量标准。用人单位最想要的是既有学历又有能力，而且还有责任心的人才。每当看到有人对待工作三心二意时，人们总是形容为当一天和尚撞一天钟。同样的道理，面对工作，一个认真负责的人是不会把工作当成钟去撞击的。否则，在他们蒙混度日的每一天，人生都会给他们的工作进行打分，导致他们最终想要在工作上出人头地时，却发现白白浪费了时间，而丝毫没有给自己增加任何值得骄傲的履历。

实际上，虽然生命是一场没有归途的旅程，我们也不知道自己的人生会在何时戛然而止，但是却可以拓宽生命的宽度，从而让生命变得更有意义，更充实精彩。唯有如此，我们才能证明自己的价值，也不枉来到人世间走这一遭。还有些人觉得命运对自己不公平，给了自己太苛刻的人生。命运总是公平的，它在给一个人关上一扇门的时候，也会打开一扇窗。对于命运，只要我们积极主动地对待，哪怕遭遇坎坷挫折，也总能超越自我，从而成功地摆脱命运的束缚，获得精彩的人生。

生活中，总有些人每天生活的浑浑噩噩，他们根本不知道人生的意义是什么，只想蒙混过关。在日复一日的搪塞中，生命悄然溜走。还有些人，因为觉得自己受到了不公正的对待，或者认为哪怕付出再多的努力也不能获得成功，因而选择了放弃。他们不再成为命运的主宰，而是任由命运之舟载着他们在人生的海洋上颠沛流离，不得不说这样的人已经失去了生命的意志，很难再变得充实且有意义。

一个人如果以“当一天和尚撞一天钟”的态度来面对生活，就无法得到生活真诚的馈赠。一个人假如缺乏上进心，那么他非但不能超越自身的缺点和不足，更不能为自己的家庭生活带来富足和安宁。仅仅从感情上来说，如果一个人对生活总是蒙混过关，那么他也是不值得托付的。对于每个人而言，美好的生活都需要通过奋斗才能取得。尽管这个过程漫长而又艰难，但是却会让我们在拼搏奋斗的过程中对最美好的结果充满期待。反之，一个人如果总是懵懂无知地面对人生，那么他就无法树立高远的目标，这样一来人生就会失去方向，就像船只在大海上航行，总是随波逐流一样。所以真正充实的人生，首先要保证有端正的心态，也要有清晰的目标。只有这样，人们才能在追逐人生的过程中收获幸福与满足。毫无疑问，一个蒙混度日的人是没有激情的，而生命中激情恰恰是最绚烂的色彩，也能让人生绽放出无穷的能量，创造生命的奇迹。

18岁那年，贝特只是一名普普通通的职业棒球手。才刚刚进入职业棒球界没多久，他就因为糟糕的表现被老板开除了。在贝特正式离开球队之前，老板语重心长地对贝特说：“贝特，以后不管你从事什么工作，你都一定要记住，只有满怀热情地对待工作，才能有所成就，否则哪怕再好的工作，最终也会被你搞砸。”无疑，对于贝特而言，这个忠告意义深远。尽管他得到这个忠告，付出了惨重的代价，但是他最终还是接受忠告，也使人生有了不同的发展。

后来，他加入了纽黑文队。面对好不容易才得到的机会，面对崭新的人生，贝特做出了一个了不起的决定：他要充满激情对待新工作。从此之后，贝特就像打了鸡血一样活力充沛。在球场上，他就像一道闪电，不但充满了力量，而且如风更迅速。渐渐地，贝特凭着出色的表现，在职业棒球界崭露头角，也成为了球队中不可或缺的一员。贝特的球技越来越好，身价也水涨船高，翻了几倍。后来，因为年纪越来越大，贝特不得不退出职业棒球队。尽管运动生涯结束了，但是贝特还很年轻，对他而言，一切都只是刚刚开始。

离开了熟悉的球场，贝特刚开始非常失落，后来在朋友的推荐下，他决定成为一名保险代理人。可怕的是，贝特整整坚持了十个月之久，都没有成功推销出去任何保险。在跟随卡耐基进行学习时，卡耐基又给贝特一番忠告。卡耐基对贝特说：“你的语言疲惫无力，这样一来，大家怎么能够相信你代理的保险是最好的呢？”贝特茅塞顿开，他决定让自己就像在纽黑文队打球那样充满激情。正是这样彻底的转变和质的飞跃，贝特最终成为了一名非常优秀的推销员，也成为了在全世界都大名鼎鼎的销售大师。

哪怕做一件再简单的工作，我们也应该满怀热情，如果我们对待工作始终毫无激情，无疑是在浪费宝贵的人生。换一个角度来说，如果人生就是坐在那里等着时光悄然流逝，也能得到微薄的工资，那么岁月静好也变成了囚牢。而如果每天都充满激情，全身心投入地对待工作，不但能够获得工资，而且能够获得很高的提成，那么你选择哪一种呢？相信大多数人都会选择后者。其实充满热情地工作，不仅能够帮助我们得到报酬，最重要的是能够让我们在人生中充满激情，在工作上效率倍增，甚至创造出伟大的奇迹。

明智的朋友从来不会在工作上浪费时间，既然哭着也是一天，笑着也是一天，那么当然要笑着度过人生的每一天。同样的道理，既然虚度人生也是一天，充实地度过人生也是一天，那么我们当然要让人生变得充实起来。这样，我们才能把所有的时间和精力都投入到生活和工作中去，从而让自己充满活力。总而言之，积极是一种生活态度，消极也是一种生活态度，如果这两种态度会让人生有天壤之别，我们当然要选择对人生更有意义的态度。记住，只有你才是人生的主宰，也只有你才能决定人生最终的结果。

乐观面对辛苦，付出才有收获

在职场几乎每个人都有很多的抱怨和牢骚。尤其是当付出和收获不成正比时，人们总是觉得自己被命运欺骗了。实际上，没有人的人生是一帆风顺的，有的时候即使付出了，也未必能够得到预期的收获。当我们无法如愿以偿地得到自己所期望的一切时，那只有一个原因，就是我们没有足够的付出。常言道，一分耕耘一分收获。偏偏命运总是与人开玩笑，让人即使真正付出，也未必会有收获。这么说，难道我们因此就不再努力付出了吗？答案当然是否定的，因为如果我们真的因此就放弃努力，那么人生也就注定了没有任何收获。

很多刚进入社会的应届大学毕业生，对于职场总是有太多的奢望和不切实际的幻想，在刚刚工作时，他们因为感到新鲜，所以觉得工作是一件非常美妙的事情。尤其是在拿到第一个月的薪水时，他们会感受到自给自足的成就感。然而，等到时光悄然流逝，他们就会对工作越来越失望。他们会发现理想是丰满的，现实是骨感的，梦想中的工作与现实中的工作相差甚远，而且职场和学校也完全不同。正因为如此，他们越来越苦恼，甚至在与同事相处的时候也完全摸不着头绪，找不到合适的出发点。在这种情况下，他们工作的状态从快乐变成了烦恼和抑郁。可想而知，在这样的状态下，他们又如何能激发出自身的全部力量，在工作上创造精彩呢？

在这个世界上，没有任何一份工作是让人享受的，哪怕我们从事着自己感兴趣的工作，也必然要辛苦地付出。很多人渴望得到工作，渴望养活自己，为此他们终日奔波只为找到一份合适的工作。对于大多数人而言，他们正在做着自己并不喜欢的工作，苦不堪言。工作的意义，不但是提供生活的物质所需，也是为每个人的精神提供更有力的支撑。

当然，不可否认有些工作的确是让人痛苦的，那么就不要再在这份工作上浪费时间和宝贵的生命，而应该当机立断辞掉工作，再重新找一份让自己感觉好一些的工作，这才是让自己爱上工作的正确做法。当然，凡事皆有度，过犹不及，如果一个人对工作有小小的不满意就马上选择辞职，那么可想而知，他根本不可能在工作上有杰出的表现。因为没有任何一份工作能够让人完全满意，每个人都必须学会与工作磨合，适应工作，也要学会乐观面对辛苦的工作，这样人生才会绽放光彩。

在职场上，有一些年轻人一年之间跳槽五六次，有的高达十次之久，可想而知，他们在一年之内对一份工作只做了一个月就选择了辞职。实际上，一个月的时间哪里够了解一种行业或者一份工作呢？盲目辞职只会让他们失去眼下的一切，而不得不再次经历找工作的痛苦。所以，当感到工作不如意的时候，最重要的不是当机立断辞掉工作，而是要让自己更加清楚地认识自己，也客观分析这份工作的利与弊。唯有如此，才能让自己找到与工作磨合的最佳方式。这就像是夫妻在一起，哪怕是再相爱的夫妻，也许恋爱时浓情蜜意，一旦走入婚姻之中，切实感受油盐酱醋茶的琐碎，他们最终的感情必然受到巨大的冲击。面对婚姻的坎坷，如果选择离婚，那么婚姻就会戛然而止。明智的人会知道，世界上并没有那么一个人能够完全与自己契合，所以他们选择努力磨合，改变自己以适应对方。在双方共同的努力中，他们之间的差距越来越小，也都从婚姻中得到相应的回报。现实生活中，我们看到那些感情深厚的夫妻总是非常羡慕，实际上他们对于婚姻都有着自己独特的经营之道，那决不是放纵自己的个性，完全不宽容和理解对方，而恰恰相反，他们会努力地改变自己，更多地站在对方的立场上考虑问题，从而不断加深与对方的感情，使得婚姻生活渐入佳境。

没有人生来就拥有幸福快乐的生活，一个人与其一味地把眼睛盯在生活中不满意的地方，不如调整好心态，更多地反思自己，这样才能扬长避短，也让自己获得真正的幸福和快乐。如果是周围的环境让我们心生不满，那么不要抱怨环境，而要意识到是因为自己的关注点跑偏了，所以才会导致一切都变得越来越糟糕。要想真正改变这种状况，最重要的是我们要悦纳自己，拥有一颗欢喜的心，喜欢自己也欣赏他人，这样我们才能渐渐消除自卑，也才能最终找回自信，变成一个积极乐观的人。

对于大多数人而言，快乐并不是一件简单的事情，因为快乐会受到很多因素的综合影响。其实工作是否合乎心意，只是决定人是否快乐的一个小小的因素，很多人都觉得自己每天竭尽全力地工作，却只得到很少的报酬，因而感到不满，实际上这是自卑感在作怪。如果你能够乐观开心地面对工作，也能够竭尽所能地提升和完善自己，那么你就能够在职场上得到更多的收获，也找回满足自信、从容快乐的自己。此外，我们还可以通过改变自己的着装保持精气神，试想，如果一个人整天邋遢，穿着松松垮垮的衣服，那么如何能够拥有坚强的精神和意志呢？而如果一个人总是注重自己的外在形象，把自己打扮得干净清爽，气质十足，那么他也必然会让自己的言行举止配得上自己的外在形象。

当拥有快乐的心，我们就能找到很多快乐工作的方法。诸如与同事搞好关系，也会让我们的工作进展顺利。众所周知，在现代职场上，人际关系已经成为不容忽视的重要资源之一，而与同事以及上下级之间的关系，更是至关重要。常言道，十年修得同船渡，百年修得共枕眠，虽然我们与同事之间不是亲密无间的，但是能够在一个办公室里共同工作，这也是很难得的缘分。总而言之，一个真心想要快乐起来的人，有很多办法可以让自己开心。对于每个人而言，只要拥有宽心快乐的心境，就能找到快乐的秘笈。

全力以赴，给生命最好的答卷

人人都追求成功，人人也都想让自己的人生变得璀璨辉煌，然而对于成功，大多数人的理解都是错误的，他们总觉得只要自己尽力而为，就能得到成功的青睐，殊不知成功绝非易事。一个人要想成功，最重要的是全力以赴。当一个人尽力而为之后，却又没有得到想要的结果时，可能会不停抱怨，然而却只有少数的人真正想过自己为何不能获得成功，或者为何在已经付出很多之后却与成功失之交臂。归根结底，只是因为我们尽力的程度还不够，就像有人曾经说的，如果你的努力没有得到回报，那么只能意味着你的努力还不够，你还要继续努力。所以说，尽力而为往往会让我们为自己找到借口，从而不愿意继续努力付出，甚至扼杀进取心，使得人生在前行的道路上遭遇无形的障碍。如果你不想再次错过成功，那么你一定要全力以赴、竭尽自己所有的力量奔向人生目标，这样一来，人生才能变得与众不同。

每个人都有无穷的潜力，曾经有科学家经过验证，证实人的潜力就像宝藏一样，只有少部分得到了，其余的大部分宝藏则被深藏起来。尽力而为的人，则用了所有的宝藏，全力以赴把自己一切的能量都发挥出去。所以，全力以赴的人力量更强大，也因为做事的决绝，他们拥有破釜沉舟的决心和勇气。从另外一个角度来说，如果一个人愿意付出自己所有的力量去努力，那么他一定能够实现人生的愿景，也能够获得成功的人生。

在西雅图，一个牧师对孩子们说："人人都有巨大的潜能，只要能把潜能挖掘出来，就能够创造生命的奇迹。"为了让孩子们感受潜能的力量，牧师还承诺只要有人能够背下《圣经》中三章的内容，那么他将会请这个孩子去太空针高塔餐厅就餐。要知道，太空针高塔餐厅可是整个西雅图最高档的餐厅，去那里用餐的人往往有很高的身份地位和雄厚的经济财力，也是荣誉的象征。为此孩子们全都跃跃欲试，但是当看到三章《圣经》足足有几十页的时候，几乎所有的孩子都打起了退堂鼓，只有一个孩子坚信自己能够做到。

几天之后，这个孩子当着所有孩子和牧师的面，把三章《圣经》一字也不差地背出来。牧师简直被惊叹到了，因为他只是用这个看似不可能完成的任务来检测孩子们到底能不能激发出潜能而已，但是他从未想过真的有孩子能够做到这一点。牧师问孩子为何能够背下这么厚厚的一沓《圣经》，男孩直截了当地回答："因为我拼劲全力了。"多年以后，这个男孩儿成为了举世闻名的大富豪，他就是比尔·盖茨。

对于孩子而言，想要背下三章《圣经》显然是很难的。因为他们总是缺乏自制力，面对困难的时候情不自禁地想要退缩。比尔·盖茨之所以能真正背下三章《圣经》，则是逼迫自己发挥了所有的能力。在现代社会竞争尤其激烈，如果一个人只满足于尽力而为，而从来不想发掘自身的潜力，把一切做得更好，那么他就注定要默默无闻。最关键的在于，我们的内心一定要意志坚定，相信自己一定能够创造奇迹，才能走向成功。

纵使单枪匹马，世界也为你震颤

和几十年前传统的市场经济时代相比，现在的职场人士再也没有了曾经的轻松悠闲。毕竟大锅饭的时代已经一去不返了，在如今的市场经济时代，每家企业都是一个萝卜一个坑，每家企业在决定聘用一个人时，都希望这个人在自己的工作岗位上承担起相应的责任，也为公司创造一定的效益。为此很多人都觉得压力特别大，甚至觉得身心憔悴，因为在责任面前，他们总是不知道如何才能更好地展示自己，也常常为自己的能力不足而忧心忡忡。实际上，与其因为工作上的压力而心神不宁，还不如把责任感转化为强大的内驱力，从而激励自己不断地爆发出潜能，始终乐观向上创造奇迹，这就是责任心的神奇力量。

世界上很多伟大的企业家都对责任心非常重视，创造微软帝国的比尔·盖茨就曾经要求员工一定要有责任心，因为在他的心目中责任是排在第一位的。他认为，只有拥有责任心的员工，才能对公司尽职尽责，才能够拥有超强的执行力。所以说一流执行力的具体表现就是对工作全心全意，认真负责。毋庸置疑，现在社会有很多人都拥有大学学历，甚至拥有研究生、博士生的学历，然而为什么那么多用人单位都感慨自己没有合适的人才可用呢？这是因为有很多人材都缺乏责任心，他们尽管能力超群，却不能把这份能力完全用到工作上，也无法用能力来保证工作的质量，那么这和没有责任心、没有能力又有什么区别呢？

作为新员工，要在工作上更积极主动，特别是在激烈的竞争中，更要肩负起自己的职责，投入全身心的力量认真面对工作，才能在工作上脱颖而出。当然，这一切的努力和认真都是责任感驱使他们去做的，所以作为人才就一定要有强烈的责任心，才能成为上司和老板最不可或缺的人。当然，只有责任心也是远远不够的，还要有超强的执行力。任何事情，如果拖延下去，就会导致结果不尽如人意。因而现代社会的效率主要体现在马上执行方面，很多人在工作中一旦遇到难题，首先就决定等一等，等到时机合适或者条件成熟，再着手去解决问题。实际上，解决问题的好时机转瞬即逝，在一味的等待中，我们非但不能把问题解决得更好，反而会贻误解决问题的最佳时机，使问题变得更麻烦。不得不说，工作上的等待实际上是在逃避责任，要知道这个世界上没有任何事情能够做到绝对完美，所以与其为了追求完美而无限拖延下去，不如当机立断去做，从而在做的过程中努力提升和完善自己。

1861年，美国爆发了内战。当时担任总统的林肯非常着急，只想找到一位将军马上率领大军去平息内乱。然而，他更换了四位统帅都没有找到一个最合适的人选，因为这些统帅总是找出各种样各样的理由不想立即执行林肯的命令。最终，林肯找到了最合适担任这项任务的人，他就是大家所说的酒鬼格兰特将军。听说林肯要任命格兰特率领大军去平息内乱，很多人都表示反对，但是林肯对格兰特的评价非常高，甚至愿意送给格兰特爱喝的酒。他认定格兰特就是最合适的人选，这是为什么呢？

格兰特和其他四位将军有什么不同呢？第一位将军面对林肯的任命，说要先封锁局势，等到合适的时机再决定是否发兵。第二位将军说要把部队变成一个凝聚力超强的整体，然后才能够对敌人展开行动。第三位将军说必须把部队武装到牙齿，才能对敌人展开行动。第四位将军说只有拥有百分之百的把握，才能对敌人出击。不得不说这四位将军的回答都有一定的道理，然而他们的回答并不是林肯想要得到的。他们的潜台词都是他们无法对这件事情负起责任，所以只有等到万无一失的时候才能做出实际的行动。然而什么时候才能算是万无一失的时候呢？也许将军们能等，但是动荡的局势绝不能等。最终，林肯把他们毫不犹豫地撤掉，坚定不移地选择了格兰特，只因为格兰特的回答是“既然我们没有准备好，那么敌人也一定没有准备好，所以现在就是最好的时机，机不可失”。就因为这个回答，格兰特被林肯总统任命为北军司令。哪怕别人再怎么反对，林肯也没有动摇自己的想法。因为在林肯心中，格兰特将军才是勇于承担责任的人，才是敢于执行命令的人。

一个人即使能力再强，如果总是瞻前顾后，不愿意发挥自己的能力，那么他的能力就是没有价值的。同样的道理，即使你自身有超强的能力，但却总是畏缩不前，不愿意发挥自身的能力开拓与众不同的人生，那么你也就辜负了自己的能力。每个人都有自身的责任需要承担，虽然这需要面对巨大的压力，但是只要我们正确对待责任，拥有执行力，那么就能够把责任转化为源源不断的动力。这里所说的责任，并不是别人强加于我们的责任，而是我们主动承担起来的责任。只有这样，我们才能最大程度激发出自身的潜能，不把巨大的压力作为逃避人生责任的借口。记住，一个人只有勇敢地承担起艰巨的责任和任务，才能让自己距离人生的目标和理想越来越近。

第07章

坚持到底，全世界都在为你鼓掌

谁的人生不坎坷，对于每个人而言，唯有坚持到底，才能获得全世界的掌声。常言道，人生不如意十之八九，这正告诉我们人生从来不是一帆风顺的坦途，而是也有风雨泥泞也有晴朗明月的天空。当遭遇狂风暴雨大作的时候，无需惊慌，因为不经历风雨怎能见彩虹？在艳阳正好的时候，也不要妄自得意，因为没有任何人的人生顺遂如意的，要想得到世界的掌声，我们就必须坚持到底。

梦想不是幻想，更不是空想

人人都是有梦想的，不管是小小年纪的孩子，还是垂暮苍苍的老人。大多数时候，人们对于自己的梦想都怀着神圣的感情，并且在梦想刚刚诞生的时候，他们恨不得把梦想告诉全世界。遗憾的是，在梦想公之于众之后，梦想的主人却遭到了几乎所有人的沉重打击："不要再沉迷于幻想之中了，该醒醒了，还不如脚踏实地去干点儿事情呢。"当梦想被误解为是空想，我们到底是坚持梦想，还是接纳其他人热心的意见，从此之后把梦想尘封，彻底成为空想呢？毋庸置疑，把梦想变成空想很简单，也会很轻松，但是把梦想真正当成是梦想去努力实现，则需要让人加倍地辛苦和努力。

对于人类而言，梦想是非常纯粹的人生愿望，也是人类为了追求美好生活本能做出的一切努力。从本质上而言，梦想是人生的追求，是推动人生不断进步的巨大动力。尽管人们常说理想是丰满的，现实是骨感的，毋庸置疑梦想是更为遥远的，但是一个人只要持之以恒地努力，就有可能把梦想变成现实。可以说，梦想是理想的夸张形态，相比之下，梦想更浪漫更远大，理想更理性更务实。一个人如果不能鼓起勇气面对现实，总是把幻想和空想当成是梦想，那么必然导致人生颓废沮丧，无法鼓起任何勇气。一旦现实让幻想和空想破灭，人就会陷入极度痛苦之中，而一旦梦想变成现实，就会给人以极强的激励力量，从而让人建立自信，信心十足。

一直以来，笑笑都幻想着自己有朝一日能够活得潇洒，再也不用因为繁重的学习任务而苦恼，而享有绝对的自由，想玩游戏就玩游戏，想看小说就看小说。有一次，笑笑因为期末考试成绩没考好，和父母之间爆发了激烈的冲突。一气之下，她拿了所有的压岁钱，买了票去上海。在她印象中，上海是灯红酒绿的地方，是非常繁华的大都市，应该很容易就能找到工作养活自己，反正她再也不想回到家里继续读书上学了。

到了上海之后，笑笑才发现现实中的生活和自己幻想的完全不同。笑笑住在旅馆中，接连一个星期每天都出去找工作，然而，上海尽管招工的地方多，但从小习惯了衣来伸手饭来张口的笑笑根本不符合用工的要求。她好不容易找到一个在餐馆里打杂的工作，却因为干了一上午就摔碎了老板五六个盘子而惨遭辞退。眼看着随身携带的钱越来越少，笑笑忧心忡忡。她暗暗想道：如果还是找不到工作，也不回家，我就只能流落街头了。最终，趁着自己还有钱买车票的时候，笑笑买了车票回家，而此时家里人如同疯了一般正在四处找她呢。笑笑回到家里，感受到家庭的温暖，意识到与其逃避学习面临生活的绝境，还不如认真学习，也好给自己和父母一个交代呢！

很多时候，人在安逸的生活里待久了，就不会觉得自己有多么幸福。尤其是如今的很多孩子，已经习惯了接受父母无微不至的照顾，衣来伸手，饭来张口，根本不懂得感恩。古人云，温饱思淫欲，人在衣食无忧的情况下，还会生出不切实际的幻想和空想。当想得次数多了，自己也把这些假想当成了现实，把自己都骗过去了，也情不自禁活在幻想和想象之中。实际上，一个人不管拥有怎样的幻想和空想，都要认清楚现实，都要为了实现梦想而不断地努力，才能在人生中拥有更多收获。

当然，幻想和空想本身并没有错，当感到精神紧张的时候，以这样的方式来放松自己也并非不可取。只是，我们不能一味地陷入幻想之中，而应该脚踏实地去做，才能把幻想和空想转化为梦想，不断地为了梦想而努力，实现人生的成功。

不忘初心，方得始终

每个人对于人生都有自己的渴望和憧憬，也都有自己的人生方式。虽然人人都把幸福快乐作为人生的终极目标，但是对于每个人而言快乐都有不同的诠释。有的人觉得快乐很简单，心安然，就能快乐，有的人觉得快乐很复杂，唯有满足人生中各种各样的欲望，才能获得快乐。实际上，真正的快乐是按照自己的方式去生活，也能够始终不忘初心。快乐是一个人真正发自内心的情感，也是人性本能表达。真正的快乐是流淌自心底的清泉，不会为外界的客观事物所控制和左右。

很多人尤其看重物质和金钱，觉得人生只有拥有物质，才能获得满足，而把精神生活放在次要的地位。实际上，一个人要想真正获得幸福，就要拥有丰富的精神世界。归根结底，心态消极沮丧的人非但无法得到幸福，反而会遭到幸福的抛弃，但是自己却无知无觉。所以人们常说，心态决定性格，性格决定命运，而我们也可以说，心态决定了一个人是否能够获得幸福。

在人生之中，无数人都在询问，幸福在哪里。正如一首歌里唱的，幸福就在那晶莹的汗水里。一个人只有努力奋斗，拥有自己的生活方式，也竭尽所能奔向人生的理想和目标，才能真正获得幸福。幸福并不像很多人所想的那样，必须住着豪宅开着豪车，而也可以是饥饿时的一碗热汤面，是口渴时的一杯白开水。人对于生活的需求实际上很简单，哪怕有再大的房子，睡觉也只占半张床，所以衣食住行的满足，实际上就是人的满足。遗憾的是，现代社会有太多人都沉浸在如同无底深渊一样的欲望中无法自拔，渐渐地忘却了初心，也迷失了人生的方向。

唯有确定人生的方向，我们才能怀有坦然的心态。心态决定幸福，也决定人面对人生的态度。曾经有哲学家说，生活是思想的雕塑，由此可见一念天堂，在人生中绝非是虚妄的话。虽然我们无法改变客观存在，但是却可以调整自己的心态，整理自己的思想，从而把人生经营得更好。从本质上而言，幸福是我们对生活的一切感到满足，这实际上是主观的满足感在控制我们，因而我们通过调整心态就可以决定人生是否幸福。

当然，在喧嚣浮躁的现代社会，我们也要保持淡然，坚守自己的内心，而不要人云亦云。记住，摆脱人生不幸的唯一方式，就是振奋精神，就是让积极乐观充满内心，从而让自己精神振奋地面对人生的不如意，也能斗志昂扬地战胜人生的重重困难。

接受失去，你会拥有更多

面对人生，很多人都渴望得到更多，从而满足自己的欲望和对金钱的渴望，而从未想过人生就是有舍也有得，也要面对失去。人生如同一条大河，河水不停地流动，不停地流入，再不停地流出，正如古人所说的，唯有源头活水来。生命的本质就是不断地失去，不断地得到，这样人生才能盈满盈亏，拥有活力。

很多人都认为生命的本质就是追寻快乐。哪怕拥有共同的起点，生命也未必有相同的结局，更不会到达同样的地方。那为何会这样呢？这并非取决于人的天赋，而更大程度上取决于后天的努力。唯有真正把握住人生，才能让人生有更好的改变。尤其是在面对失败的时候，更是要坚强面对，决不放弃，才能让人生有更多的可能性，从而使得人生收获更多，拥有更多。

在这个世界上，谁是最快乐的人？全世界的人都有快乐，也都有不快乐，但是没有人只有快乐，而没有任何不快乐。要想在人生之中更幸福快乐，就要拥有坦然的心态，从而才能从容面对人生的得与失。幸福快乐其实很简单，和人生中真正拥有多少都没有直接的关系，心态决定一切。否则，即使身处好的环境中，也不能得到快乐，反而会渐行渐远。

赛尔玛跟着丈夫去沙漠中从军，每天生活在陆军的军营中，既不懂得当地人的语言，也不适应沙漠中炎热的气候，为此她内心痛苦挣扎。渐渐地，她越来越后悔与丈夫来到这荒无人烟的地方，后悔自己为了丈夫放弃了城市中充满着现代文明的生活。更糟糕的是，没过多久，赛尔玛的丈夫就跟随队伍去沙漠腹地拉练去了，只剩下赛尔玛一个人留在军营里。炎热的中午，哪怕在仙人掌的荫凉下，温度都使人受不了。可想而知，赛尔玛的内心多么焦灼不安，多么心力交悴。

百无聊赖、内心绝望的赛尔玛，只好给父母写信，诉说自己的苦恼，并且告诉父母自己想回家，再也不想继续留在沙漠里。很快，赛尔玛就接到了父母的回信。出乎赛尔玛的预料，父母并没有支持赛尔玛回家，信纸上只写着一句话："两个人同样身在监狱，一个人从监狱的窗户里看到泥土，一个人从监狱的窗户里看到群星。"看到父母的回信，起初赛尔玛很生气，觉得连父母都放弃她了。闲极无聊的时候，赛尔玛把父母的信拿出来认真琢磨，这才意识到父母是在劝说她与其低下头去看泥土，不如抬起头去看群星，也许会发现不一样的惊喜。

领悟这个道理后，赛尔玛再也不因为父母的回信而生气了，相反，她渐渐地改变自己，主动与当地人交朋友。结果让她特别惊喜因为当地人都很热情好客，而且还把非常珍贵的手工艺品送给她作为礼物。她与当地人成为朋友，生活再也不觉得无聊寂寞。她还开始研究沙漠中特有的植物，她尤其喜欢沙漠中的仙人掌，欣赏仙人掌高贵的品质。哪怕置身于沙漠恶劣的环境中，仙人掌依然能够顽强生长。她经常在清晨起床，欣赏沙漠中的日出，也深入沙漠，观赏海市蜃楼。总而言之，她爱上了现在的生活，越来越觉得新鲜。她整个人都不一样了，每天都非常快乐，对生活满怀信心。后来离开沙漠之后，她还根据自己在沙漠中生活的真实经历写了一本书。

原本，在沙漠中生活也并没有那么可怕，就是因为觉得内心乏味和寂寞，赛尔玛的人生才变得毫无兴趣可言。然而在父母的启发下，她改变了对人生的态度，因而人生发生转折。她不再以悲苦的心态面对人生，而是积极乐观地迎接沙漠中的生活。虽然生活的环境没有任何改变，但是她更加坚强从容，也能够真正融入沙漠的生活中，反而让生活变得多姿多彩。

从赛尔玛的改变中不难看出，一个人一旦改变心态，坦然面对人生的失去，才能从容得到人生更多的馈赠。最终，赛尔玛非但没有因为沙漠生活失去快乐，反而发掘出沙漠生活的乐趣，从沙漠生活中得到更多。所以，人生之中无需过度奢求，只要拥有坦然的心境面对失去，就能让人生变得更理想。

做最宽容的自己

现实生活中，一个人不管多么努力地改变自己，希望迎合更多的人，也无法博得所有人的满意。在美国的经典名著《飘》中，梅兰曾说："假如你以挑剔的目光面对世界，那么你将会看到满眼的垃圾。"这正应了一个名人所说的话，这个世界上并不缺少美，缺少的只是发现美的眼睛。的确，哪怕世界充满阳光，如果你始终不能以欣赏的眼光面对世界，那么我们看到的只是阴霾。

如今的世界处于日新月异的发展之中，瞬息万变。面对着这个真实得令人感到残酷的世界，我们一定要坚守自己的内心，不要总是随波逐流，盲目改变自己。记住，这个世界上没有绝对完美的人，也没有绝对完美的事情，不管我们多么努力，都要接受自己的不完美。尤其是当生活中出现矛盾的时候，我们更是要坚守自己的内心，从而让自己在生活面前挺直脊梁，绝不缴械投降。

作为一个大龄剩女，小静并非不够优秀，而恰恰是因为她太优秀了，所以对每件事情都追求完美，也导致自己陷入苛刻的状态中，无法自拔。当然，小静的确是有挑剔资本的，她是不折不扣的"白骨精"，有着让人羡慕的美丽容颜和高挑身材。作为家中的独生女，她几年前就买了房子，成为有房有车一族。她就像一个骄傲的公主，绝不向命运妥协。

就这样，挑剔的小静不知不觉间就成为了剩女，她自己甚至都觉得莫名其妙：我这么坚强独立、自信美丽，为何我不能拥有幸福呢？为此，小静很苦恼。最好的朋友推心置腹对小静说："小静，就是因为你太追求完美了，所以你才会与幸福失之交臂。你凌驾于生活之上，从小就一帆风顺，甚至不知道挫折为何物。正因为如此，你以完美来要求别人，也根本不理解别人千疮百孔、充满艰难的人生。这样一来，你如何能够接纳他人，理解和体谅他人呢？"小静陷入深思，也许的确是自己太苛刻，要求太高了。所以她才总是与爱情失之交臂，因为这个世界上根本没有完美的白马王子存在。小静改变了自己，不再事事都奢求完美。一年多之后，小静在朋友的介绍下认识了一个并不那么优秀的男孩，她努力说服自己接受男孩。后来，从来都要求去高档饭店用餐的小静，也能和男孩一起快乐地享受街边小食摊的美味了。可想而知，小静离幸福也不再遥远了。

一个人如果不懂得欣赏这个世界，那么一定会看到诸多的不如意。从本质上而言，人生就是不如意，没有人能够在生活中一帆风顺。任何情况下，我们都要坦然面对人生的逆境，才能从逆境中崛起，给予人生更多的可能性。

当然，选择哪种心态面对和度过人生，完全是每个人的自由。只要怀着一颗宽容的心，不但宽容地对待他人，也宽容地对待自己，人生就会更加顺遂如意，也会拥有更美好的未来。大多数人之所以生活艰难，是因为他们总是不能坦然欣赏生活，最终被生活所累。伟大的作家钱锺书先生曾说：“洗一个澡，看一朵花，吃一顿饭，假使你觉得快活，并非全因为洗澡洗得干净，花开得好，或者菜合你的口味，主要是因为你心上没有挂碍，轻松的灵魂能够全然专注于肉体的感觉，去欣赏，去审定。”的确，很多时候，当我们对人和事情怀着宽容的心态，坚持做真实的自己，也不强求改变别人，那么我们的人生也就轻松了。

当你放弃，世界也就放弃

人生不如意十之八九，每个人都会遇到形形色色的难题，也都会有各种苦恼，这都是无法避免的。不管是在生活中，还是在工作中，当遭遇困境的时候，我们该怎么办呢？曾经有心理学家经过研究证实，人们的先天条件差不多，只是因为后天面对失败的态度截然不同，所以才会导致人生的结果也完全不同。如果面对失败就缴械投降，那么就会彻底与成功绝缘。只有面对失败决不放弃，身处逆境也依然能够奋起，才能最大限度发挥自身的潜能，让世界都为之震惊。

很多朋友一旦遇到小小的困难，就会第一时间向别人求助，殊不知，人人都会遇到困难，如果总是求助，那么渐渐地就会形成依赖性，一旦别人不再施以援手，他们马上就会感到泄气，甚至沮丧绝望。真正的人生强者，哪怕遇到困难也绝不放弃，而是第一时间自己想办法努力解决问题。古人云，自助者天助之，一个人如果自己都不愿意帮助和救援自己，那么他们注定会遭遇失败，成功也会彻底抛弃他们。

约翰经营多年的工厂因为受到金融危机的冲击，濒临倒闭。面对这样的局面，约翰心急如焚，他没有放弃，而是马上去找亲戚朋友筹集资金。他想再次努力，让工厂起死回生。然而，在此之前，亲戚朋友们都已经支援约翰一次了，如今他们没有得到约翰承诺的回报，纷纷表示不愿意再以金钱支持约翰。约翰觉得很绝望，他走到一家小酒馆，喝得酩酊大醉。他很清楚，在所有人眼里，他都是不折不扣的失败者，都是不值得帮助的。他也因此对自己感到失望，甚至彻底放弃工厂。

有一天，约翰听说有一位智者能够帮助很多人解开心结，走投无路的他心中还是燃起微弱的希望之光，决定去寻找那位智者，希望能够得到切实的帮助。然而，看着约翰沮丧绝望的模样，智者说："年轻人，我不能帮你。"听完智者这句话，约翰彻底绝望，他想到以死结束自己的生命，从而让自己能够获得彻底解脱。正当约翰站起来颓然地准备离开时，智者说："年轻人，我知道有一个人能帮你。"约翰大喜过望："谁能帮我？求求您，告诉我。"智者带着约翰来到一面镜子面前，指着镜子里的影像对约翰说："年轻人，看看吧，只有他能救你。你可知道他叫什么名字吗？"约翰喃喃低语："约翰，约翰，他是约翰。"看着约翰的模样，智者说：“对，他就叫约翰，他能救你，你要求助于他。”约翰恍然大悟，陷入沉思。

离开智者，约翰完全打消了自杀的念头，他知道自己就是自己的救世主，他必须坚强努力，才能度过眼前的困境，否则一旦他真的放弃了，整个世界也就彻底失去了。从此之后，约翰打起精神渡过难关，最终借助银行贷款让工厂起死回生。

只有自己才是自己的救世主，只有自己才能让自己变得坚强独立。不要一味地把希望寄托在他人身上，归根结底，他人无法撑起我们的人生，就算能帮得了我们一时，也帮不了我们一世。因此，约翰的故事告诉我们，人唯有相信自己，自己信心坚定决不放弃，才能彻底改变现状。

当从内心深处真正肯定自己的时候，我们就不会把困难和坎坷看得那么大，甚至完全堵住了人生的去路。唯有不断地经历磨难，我们才能心怀希望，奋勇向前。要记住，这个世界上没有任何事情有百分之百成功的可能，唯有坚持努力，人生才有机会扭转局势。

第08章

轻易就能实现的，还叫梦想吗

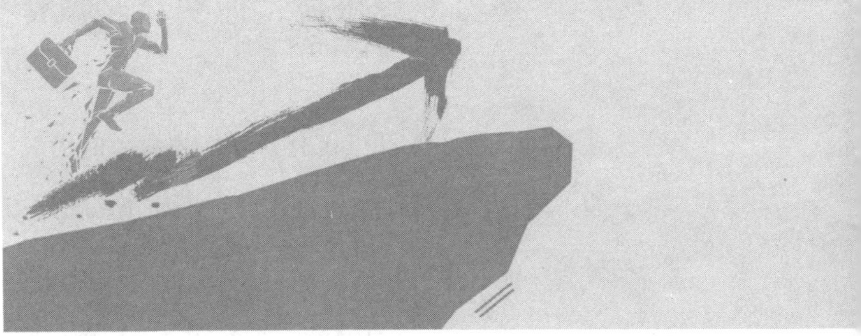

一个人如果从来不曾有过梦想，从未为了梦想努力打拼过，那么他就辜负了青春，也会导致人生沉沦下去。梦想是人生的引航灯，每个人都应该有梦想，才能指引自己不断奔跑，向着人生的彼岸。也只有拥有梦想的人，才能成为自己的英雄，才能度过无怨无悔的人生。千万不要等到年华老去、白发苍苍的时候，才突然发现自己根本没有任何梦想，一辈子都虚度了，那么悔之晚矣。人生，最高的境界是无怨无悔，不惧不怕。

不为梦想拼搏，你要年轻做什么

人生在世，每个人都应该有梦想作为自己的指引，才能让人生不虚度，也才能让梦想照亮前进的道路。遗憾的是，现实生活中有很多人都没有梦想，他们总觉得梦想就是空想，就是幻想，是对人生毫无益处的。实际上，这并非是梦想无益，而是因为梦想是需要努力奋斗和拼搏才能实现的。正因为实现梦想的道路漫长而又曲折，所以很多人被梦想拍死在沙滩上，再也没有力量和勇气把梦想变为现实。当我们真正在梦想的指引下一路向前，坚持不懈决不放弃，那么我们距离梦想才能越来越近，直至真正实现梦想。

也许有些年轻人觉得，实现梦想实在是太辛苦了，甚至要付出青春年华。然而，如果不为梦想拼搏，年轻对于你还有什么意义可言呢？每个人都应该知道，只有趁着年轻的时候努力实现梦想，在暮色苍茫的时候才有资本去品茶喝酒赏风观月。总而言之，人生中从未有从天而降的好事，更没有一蹴而就的成功，唯有真正地了解人生，也深知人生的艰难，我们才能鼓起所有的勇气，为了梦想而不懈努力，奋斗不息。

面对老师的作文题《我的梦想》，小罗如实描述了自己的梦想，那就是有朝一日去非洲大草原和狮子在一起生活，并且驯化狮子，告诉狮子不要总是欺负和伤害其他小动物。看完小罗的作文，老师直截了当写上评语：你这不是梦想，而是胡思乱想。小罗伤心极了，回到家之后，他把作文拿给爸爸看，希望得到爸爸的理解和支持。然而，爸爸看完作文之后对小罗说："儿子，老师的评语也没错啊，我也觉得你这是胡思乱想。首先，你根本没有机会去非洲，其次，你也根本不可能成为驯兽师啊。最重要的是，你必须给我离狮子远一点，万一被狮子伤害了怎么办，要知道狮子可是会吃人的。"爸爸的一番话让小罗更加心灰意冷。

一个周末，小罗见到了久未见面的好朋友凯威。小罗对凯威说了自己的梦想，凯威真心诚意地说："小罗，你的梦想真酷，我支持你。可惜我胆小，不然我就和你同行。不过你要是有朝一日实现了梦想，不要忘记把和狮子的合影发给我啊，我要拿出和其他朋友炫耀我最好的朋友有多么勇敢。"凯威的话让小罗鼓起信心和勇气，再次坚信自己一定更能够实现梦想。

十几年过去，大学毕业的小罗在一家外资公司工作，与很多国家都有贸易往来。有段时间，公司因为和肯尼亚办事处需要密切联系，因而需要外派一名员工去肯尼亚。其他同事都争抢着去欧洲，根本没有人愿意去条件艰苦的非洲，为此小罗提交申请没多久，就得到了批准。很快，小罗就到达非洲，当然他在去非洲之前也做了充分的准备保护自己。一个月之后，小罗寄回了好几张照片给爸爸，还寄了好几张照片给小学老师和凯威。照片上，小罗背靠着肯尼亚国家公园的观光车，正做出胜利的手势，而在他前方几米远的地方，一头母狮子带着小狮正在散步。爸爸看着这几张照片，不由得泪眼婆娑："这小子，还真说到做到了！"而凯威呢，当即给小罗打电话，恭喜小罗实现了最初的梦想。

我们无从得知当小学老师看到这几张照片时的情形，也许他早已忘记了那个曾经要当驯兽师的男孩，也把他的梦想抛之脑后了。但是小罗始终没有忘记自己的梦想，而且一直在非常努力地向着梦想前进。归根结底，人总是还要有些激情的，也许我们的人生目标不是获得冠军，也不会赢得第一，但是唯有更加坚强勇敢地努力，人生才会有更美好的前景。

一个人只有为梦想拼搏过，才不虚度青春，才不枉活过这一生。任何时候，一个人只要努力，就有可能实现梦想，相反，如果从心底里先放弃了梦想甚至根本没有梦想，那么当然不可能拥有成功的人生。在人生的道路上，每个人都要鼓起勇气迎接失败，唯有如此，我们才能距离梦想更近。不然的语话就算一个人还很年轻，也不能保证自己一定会获得成功。

梦想不是梦，更不是想想

尽管人人都知道梦想对于人生的深远意义，实际上，大多数人并不能通过努力把梦想变成现实，还有些人在遭遇小小的挫折和失败时，就会彻底放弃梦想。这些做法导致梦想最终变成了空想，也使得梦想变得遥不可及。有人说，人生是一场没有归途的旅行，这也意味着人生有很多的可能性，却没有一种可能性是必然成真的。在这种情况下，我们尽管可以拥有梦想，却不要只把梦想当成是梦，更不要把梦想当成是想象。归根结底，我们要慎重对待梦想，把梦想当成是对自己的一个承诺，而不要总是因为心有余而力不足，便把自己的梦想扼杀在萌芽状态。

对于年幼的孩子而言，梦想总是非常遥远，因为他们还处于人生的成长阶段，距离实现梦想还很远。对于成人而言，梦想尽管变得触手可及，但是却被残酷的现实纠缠，很多成人都为了生活和工作疲于奔命，根本没有时间去实现梦想。随着不断成长，很多现实的问题摆在眼前，最终梦想被无限拖延，再无实现的可能。不要以现实为借口耽搁实现梦想，从本质上而言，每个人的梦想之所以得不到实现，是因为他们缺乏行动力。在这个世界上，很多客观存在的外物也许都让人感到疲惫，也无法改变，而我们可以掌控的只有自己。一岁的孩子，都可以随心所欲去往自己想去的地方，做自己力所能及的事情，更何况是成人呢？梦想之所以被延误，不是因为我们失去了主动权，而是失去了行动力。从现在开始，就努力行动，就掌控自己的人生，而不要耽于梦想。

曾经，有个小伙子在网络上认识了一个国外的女朋友。小伙子在中国北京，而女朋友在德国柏林。如此遥远的距离，看似让两个相爱的人相隔遥远，但是小伙子却决定以特殊的方式表达自己对这段感情的坚定信心——他决定搭车去柏林。听起来，这个理由简直太疯狂，很多人也在北京，却连搭车去天津的勇气都没有，而小伙子真正经过了十三个国家，走了一万六千多公里的道路，仅仅通过搭车的方式，到达了柏林，在柏林广场上与女朋友偶遇，给了女朋友大大的惊喜和对爱情坚定不移的信念。

在此过程中，可想而知小伙子遇到了多少困难，毕竟他的旅程需要穿过亚洲和欧洲，路途非常遥远。然而，小伙子也遇到了很多热心人的帮助，尽管陌生，人与人之间的暖流却在他们之间涌动。后来，小伙子根据自己的亲身经历出版了一本书，名字就叫《搭车去柏林》，很多人佩服小伙子的勇气，小伙子却淡然地说："很多事情，想到了就要去做，否则就永远错过了。"

从这个事例中，我们不难看出爱情的伟大，也看到了小伙子的坚持和毅力。不管他与柏林女友最终的结局如何，他都以行动向这个世界宣告：有了梦想就要立即启程。因此，小伙子才会努力去做，而绝不等待。很多喜欢绘画的人，都知道有个绘画的天才举世闻名，以七十六岁高龄拿起画笔，最终在世界上举行巡回画展，也成为很多人心目中的励志女神。她，就是大名鼎鼎的摩西奶奶。原本，摩西奶奶只是一个普普通通的农妇，辛苦操劳了一辈子，到了七十多岁，发现自己身患疾病，无法拿起绣花针继续绣花了。在女儿的鼓励下，摩西奶奶以七十六岁高龄拿起画笔，从此之后笔不辍耕，创作了很多画作。在绘画界崭露头角之后，摩西奶奶还进行了巡回画展。每个人在听到摩西奶奶的事迹后，都会觉得热血澎湃，充满激情。的确，如果对于一个七十六岁的老人而言，梦想开始得并不算晚，那么对于我们每个人而言，实现梦想何时开始都不算晚。

梦想，是人生的引航灯，绝不是水中花镜中月，也不是画饼充饥。梦想，是每个人对于自己的承诺，也许我们会把梦想放在心里，不向任何人诉说，但是我们唯有给予梦想更好的诠释，也真正把实现梦想付诸行动，梦想才有可能成为现实。记住，梦想绝不是想想就可以的，也不是真实的梦境会随着清醒而消失。真正的梦想，需要我们全力以赴去努力，也许我们以心血和汗水浇灌，才能结出果实。

真正的梦想不会被偷走

还记得《岁月神偷》这部电影吗？在电影中，任达华和吴君如饰演夫妻，在岁月的变迁中经历人生的跌宕起伏，感慨原来岁月才是真正的神偷，让一切都改变了模样。然而，岁月即使如何变迁，也不能偷走人的梦想。梦想，是开在每个人心底的花，是每个人的希望所在。一个人只要心怀梦想，哪怕在人生中遭遇再多的坎坷和挫折，也能够始终奋发向上，绝不放弃希望。

现代社会，人的生存压力越来越大，几乎每个成年人都在为了生活而奔波忙碌。尤其是在大城市，生活压力更大，生活节奏更快，很多家庭必须竭尽全力才能付首付为自己买一个安身立命之所。一对夫妻在北京辛辛苦苦奋斗十年，终于攒钱成功，付了一套小房子的首付。然而，由于孩子的上学问题，他们在买房之后却过起了两地分居的生活。爸爸负责留在北京继续赚钱养家，妈妈则带着孩子回到老家上学。只有等到孩子通过高考考回北京，全家人才能真正团聚。但是等到孩子高考，又要十几年过去，到时候原本还青春正好的夫妻，还能剩下什么呢？即便如此，夫妻俩的梦想也没有被偷走，他们始终坚持着，在孩子放假的日子里，全家人就赶到北京相聚。十几年看似漫长，在全家人的坚守之中，时间悄然流逝，孩子因为惦念着和在北京的爸爸真正团聚，因而学习上非常刻苦。最终，孩子在高考中表现出类拔萃，考入了北京的大学，圆了爸爸妈妈的梦想。

每个人都有梦想，不管是孩子，还是老人，也不管是男人还是女人。当年华老去，梦想却不能褪色，才能真正照亮人生的道路。也许有人会说，实现梦想的过程实在是太辛苦了，而且哪怕付出了努力，也未必能够得到回报。的确，实现梦想是艰难的过程，这恰恰要求我们必须非常努力，绝不放弃，才能得到人生丰厚的回报。否则，一旦我们自己先放弃了梦想，又如何能够在人生的道路上不断地向前，努力奋进呢？很多人都感慨自己的梦想被无情的现实打败了，或者是被岁月神偷偷走了，实际上，只要梦想在心里，没有任何人能够偷走。一个人要想实现梦想，先要树立梦想，而后是坚持梦想，不要让梦想黯然失色，或者被悄然偷走。

还在小时候，小杰就梦想着成为飞行员，在蓝天中翱翔。随着年纪不断增长，他的梦想从未有过任何一点褪色，他总是希望自己有朝一日能飞上天空。18岁时小杰报名参加空军学院的考试，然而，因为视力不达标，他被空军学院辞退了。无奈之下，为了更加接近自己的梦想，他只好集中所有的力量，全力以赴通过空军地勤的考试。在拿到库区通知书的那一刻，他觉得兴奋极了，因为这至少意味着他未来能够和飞机最近距离地接触。

偏偏造化弄人，就在小杰开学没多久，家里传来噩耗，他的父亲因为身患急症去世。无奈之下，为了顶替父亲承担起养家糊口的重任，小杰只好从学校退学，接替父亲打理家中的超市，从而养活全家人。就这样，在长达十六年的时间里，远离了梦想的小杰虽然每天都辛苦地工作，但是却始终浑浑噩噩，根本不知道生活的意义何在。后来，母亲也去世了，小杰关掉超市，去当长途车司机。那时他再次想起自己的飞行梦。每当不跑长途，留在家里的时候，小杰就会躺在后院的躺椅上看天上的飞机。他非常感慨：我再也不能成为飞行员了。然而，小杰很不甘心。有一天，他突然茅塞顿开，意识到自己也许还能飞到天空上。这次，他开始了疯狂的举动。他从超市买了很多氢气球，然后捆绑在自己的躺椅上。他还想方设法让椅子保持平衡，不至于在升上天空之后因为失去平衡而坠落。

万事俱备，小杰躺在装备齐全的躺椅上，就准备上天了。然而，等到他真正离开地面，才发现自己根本无法控制气球上升的速度。就这样，他很快升高到距离地面三千多米的高空，为此他不得不打开电台向航站楼求助。一开始，航站楼的工作人员对于他的“骚扰电话”不以为然，还以为他是个疯子呢。后来，飞机上的飞行员看到了漂浮在高空的小杰，这才再次联系航站楼。航站楼指导小杰按照一定的顺序打爆气球，从而让气球缓慢下降。整整两个小时后，小杰才平安无事回到地面。对于自己的冒险举动，他无怨无悔，甚至对记者说：“每个人，总要为自己的梦想做些什么。”

的确，每个人，总要为自己的梦想做些什么。在人生之中，我们也许可以失去很多，唯独不能失去梦想。哪怕生活遭遇太多的坎坷挫折，我们都要坚守梦想，才能实现梦想。否则，如果已经把梦想抛之脑后了，又怎么可能有机会实现梦想呢！当然，我们不能模仿小杰的危险做法，而要在保证人身安全的情况下，更加接近自己的梦想。

人人都有梦想，真正能够实现梦想的人却少之又少，就是因为人们面对梦想总是瞻前顾后，也怀疑自己的能力，甚至直接断言自己根本不可能实现梦想。对于梦想而言，这些都是致命的障碍，都会导致人生从此止步不前。唯有鼓起勇气奋发向上，我们才能对梦想更从容坦然，也对梦想有更多的力量。

不曾流血流汗，你无权要求梦想

人人都有梦想，然而真正能够实现梦想的人少之又少，这并不是因为实现梦想的道路是艰难的，更因为很少有人真正为了实现梦想而展开行动。如果你不曾为了梦想流血流汗，你有什么权利要求梦想一定要实现呢？这个世界上从未有免费的午餐，也没有天上掉馅饼的好事，更没有一蹴而就的成功。面对梦想，每个人都要付出极大的努力，才能在实现梦想的道路上不断向前。哪怕是小小的梦想，也不是那么容易实现的，因为它承载的是人生的渴望和希冀。

随着社会的发展，在解决了温饱问题之后一下子吃得太好、营养过剩的人们中，兴起了健身的热潮，很多人都把身体健康放在第一位，甚至因为跑步健身等运动，也结识了更多的朋友。不得不说，运动对于人生而言是很重要的，也是不可或缺的。把运动作为娱乐休闲的方式，无疑更有益于健康，对于人生也有积极的好处。常言道，请人吃饭，不如请人流汗，由此可见运动和健康对于人生的重要作用。

不得不说，随着生活水平的提高，现代社会中肥胖者越来越多。曾经有一档节目就是关于减肥的，里面的人各个都很胖，体重是正常人的好几倍。对于他们而言，胖再也不仅仅是影响身材和相貌的问题，而是影响他们正常的生活问题。诸如体重太重的人，总是走上几步路就气喘吁吁，要不就是处于亚健康状态。看到他们那么努力地减肥，既会笑，也会流泪。原来为了更好地生存下去，每个人都这么辛苦和努力。

现实生活中，每个人都有自己的烦恼，每个人的烦恼都只有自己才是最清楚的。为了减肥，肥胖的人都拼尽全力，为了实现梦想，我们还有什么理由退却和退缩呢？要知道，人生从来不是容易的。你如果今天不流汗，那么你明天就会流泪。在人生之中，唯有不断地努力付出，才能让人生有更多的收获，有更精彩的表现。也许有人会说，减肥节目都是为了博人眼球，提高收视率。当然，在竞争激烈的娱乐圈，电视节目要想存活，同样要拼尽全力。但是，每一个减肥者都有体重秤作为自己的监督者，他们付出了多少，努力了多少，最终都会得到真实的反馈。所以朋友们，如果你也很胖，就不要对减肥节目不以为然。与其花费时间和唇舌讥讽他人，不如马上去楼下也跑几圈，这样远远比动动嘴皮子来得更有益。否则，当因为太胖而影响身体健康或者严重影响生活时，不要抱怨，因为你未曾为了苗条的身材而努力付出过。

一段时间特别流行中药包减肥。曾经大学时就是好朋友、好闺蜜的小艾和小云虽然不在同一个城市，也因为中药包的神奇疗效跃跃欲试。为此，小艾对小云说："你先别试了，让我先用几个月试试，如果有效果，你再用。"小云说："那你不成了小白鼠啦。"小艾不以为然："没事，反正我妹妹也要买，我和我妹妹一起买，先用着。"

在小艾开始用中药包之后，小云总是问小艾效果。小艾把详细情况告诉小云，还告诉小云必须戒水戒汤。小云懊恼地说："晕，我每天喝那么多水，还特别爱喝汤，只能吃干的，那得多么难受。"小艾说：

“为了美丽，必然要牺牲啊，不然怎么瘦下去呢。”小云打起了退堂鼓，说：“你继续尝试吧，我得认真想想，要是戒不掉水和汤，我还能不能减肥了。”就这样，又是两个月过去，小艾从一百四十多斤成功减重三十斤，变成了一百一十斤的苗条美女。而小云呢，依然是一百五十多斤的体重，很多漂亮的衣服都穿不进去，只能看着小艾苗条又美丽。

在这个事例中，看着苗条的小艾，小云羡慕嫉妒恨，却无话可说。毕竟小艾为了获得美丽，付出了很多，也控制住口腹之欲。而小云呢，却总是吃吃喝喝，根本不愿意让自己的人生受到任何委屈，胖也就是必然的了。没有人能够随心所欲，每个人在生命之中都需要克制自己，而无法享受绝对的自由。

现代职场上，很多人抱怨自己没有好的工作和高的薪水，只知道羡慕他人的精明强干，却不知道他人的每一分收获都是努力之后的成果。毋庸置疑，现代职场竞争激烈，一个人要想拥有更多的职业和技能，就要利用业余时间参加培训。再如，如果学生想要提升自己的学习成绩，也就要用更多的时间学习，才能以勤补拙。总而言之，不积跬步，无以至千里；不积小流，无以成江海。唯有更加立足现实，勤奋努力，我们才能让人生更充实，也才能收获果实。

唯有实力，才能为梦想代言

每个人都希望自己梦想成真，梦想成真不仅仅是美好的憧憬和渴望，也是为了能够让人生拥有更多的可能性。相信在面对人生中的诸多机会时，都恨不得马上抓住机会，从而改变命运。毋庸置疑，每个人都想成为命运的主宰，都想彻底改变命运，但是生活实在是太过忙碌，尤其是作为生活在大城市的现代人，几乎每天都行色匆匆，根本没有机会静下心来想一想自己想要怎样的人生。每天，他们都为了生计而四处奔波，却又在人生出现转折点的时候，犹豫不决，不知道是否应该抓住机会彻底扭转命运。在美国经典影片《当幸福来敲门》中，男主角穷困潦倒，因为没有地方容身，不得不在车站的厕所中过夜。经历了这样的艰难和坎坷，他也始终没有放弃对人生的渴望和对梦想的追求。最终，他才能彻底改变命运，从而给人生更多的可能性。

对于每个人而言，昨日的梦想恰恰成就了今日的希望，甚至还有可能为我们的明天奠定坚实的人生基础。因此，每个人都要以实力为自己代言，捍卫人生的梦想，并且竭尽全力实现人生的梦想。否则，梦想就会成为空想和幻想，也会给人生带来损失和伤痛。

1982年，吉拉德出生在美国一个贫民窟。从小他就立志要创造财富，改变自己的命运，也给家人更好的生活。转眼之间，吉拉德已经十岁了，为了帮助父母养家糊口，他不能继续上学，而成为了一名小报童。此后，他相继做过很多工作，诸如洗碗工，超市送货员等等。正是在为生活奔波的过程中，他对于生命有了更加深刻的认知和感悟。二十岁的时候，吉拉德意识到自己并不能轻而易举就成为企业家，因而梦想着拥有属于自己的小店铺。到了三十岁，他觉得自己连拥有一间店铺都不可能实现，因为他做生意赔钱了，欠下了很多债务，甚至无法养活妻子儿女。

为了维持生计，他不得不四处奔波找工作。然而，他的学历很低，而且有结巴的毛病，有的公司即使愿意勉强试用他几天，也很快把他辞退了。他绝望极了，想起自己小时候的伟大梦想，不由得啼笑皆非。此时此刻，他只梦想着能养活自己和家人。每当在夜深人静的时候抽着劣质香烟发愁，他就感到苦闷不已。然而，当太阳再次升起，他不得不继续四处找工作。一个偶然的机会，他在报纸上看到一则消息，受到了深刻的启发，也意识到自己不应该像跳蚤一样被现实困住，而忘记远大的理想。从此之后，他不再自轻自贱，自我放弃，而是努力奔向最初的目标。此后，吉拉德进入一家汽车销售公司，成为一名推销员。上班第一天，他就在自己的衣服上标记一个大大的“1”字。此后，乔吉拉德每件衣服都有“1”的标记。有人不理解这个数字是什么含义，特意问吉拉德，吉拉德告诉人们，“1”意味着“我永远都是自己的第一”。最终，吉拉德成为非常伟大的汽车推销员，在12年的时间里，每天都能销售出去6辆汽车。为此，《吉尼斯世界纪录大全》赞誉他是“世界上最了不起的推销员”。

在生活的艰难困苦面前，吉拉德如果如同跳蚤一样，把自己调整到合适的高度，而不再触碰天花板，那么他就很难成功地突破自己。实际上，现实生活中有很多人都是被自己的内心局限住了，他们误以为自己只能达到一定的人生高度，因此也就放弃了努力，不再全力以赴奔赴梦想。实际上，梦想是人生的山顶，只有登上人生的顶峰，人们才能享受一览众山小的美妙心境。

人生也像是茫然的大海，如果每个人一直在大海上缓缓地前行，手忙脚乱地应付突发的情况，而对于人生毫无规划和志向，那么还谈何梦想呢？漫无目的的人生，一定会被生活的琐碎消耗殆尽，也一定会变得平庸。人生说长也长，说短也短。没有任何人能够决定人生的长度，既然如此，就让我们拓宽人生，使人生变得更有意义。这样一来，我们能够不断在人生道路上奋勇前进，在梦想的指引下一路向前，不放弃不妥协。

每个成功者都曾经历黎明前的黑暗

这个世界上没有从天而降的馅饼，也没有一蹴而就、轻而易举就能获得的成功。很多时候，我们羡慕成功者拥有伟大的成就，顶着光环生活，却不知道每一个成功者在成功之前，比普通人遭受了更多的痛苦与磨难，因此面对成功，千万不要盲目羡慕，而要意识到成功背后的艰辛和努力，也要意识到成功者在获得成功之前的一切付出。

众所周知，黎明前恰恰是黑暗最浓重的时候。同样的道理，在成功之前，人们也要经历一段异常难熬的时光。常言道，人生不如意十之八九，很多人都会遭遇挫折和坎坷，唯有怀着坚强的心境面对，才能对于人生有更多的投入。遗憾的是，现代社会有太多的人都沮丧绝望的心境。例如很多上班族都说自己每天上班都像去上坟，还有人恨不得有个马云当爸爸。特别是在竞争激烈的一线城市，很多职场人士每天天不亮就要起床搭乘公共交通工具奔赴工作单位，也有很多职场人士每天披星戴月才下班，夜深人静才回家。这样一来，他们回家吃饭之后再简单休息一下，就已经到了深夜，不但严重睡眠不足，而且吃饭太晚也不利于身体健康。所以曾经有年轻人反映，社会要求年轻人要尊老爱幼，谦虚礼让老人。却不知道当年轻人顶着一对熊猫眼坐在公交车上，完全是身心疲惫的状态，根本不如老年人更加精神和健康。因此，他们很难给老年人让座，甚至有些年轻人一上车就睡着了，却被指责为故意装睡不让座。不得不说，社会也应该更多地体谅年轻人，他们之中有很多人都在贫困线上挣扎，精疲力竭，没有任何多余的时间和精力可以进行休息。

大学毕业的时候，小伟只是一个普通的技校毕业生，根本没有一技之长。他找了好几个月的工作都没有找到合适的，大多数情况下都是他不符合用人单位的要求。等到有单位看得上他，愿意聘用他的时候，他又觉得薪水待遇太低。无奈，小伟只能选择销售行业。众所周知，销售行业是入门门槛比较低而且回报相对较高的行业。

然而，销售工作也是最锻炼人的。虽然销售行业提成很高，但是如果不能给公司创造效益，收入就会微乎其微。刚开始，小伟缺乏目标，在岗位上混了一年多，但是只为公司创造了微薄的利润，因而收入很少，只能勉强维持生活。有一段时间，因为受到市场的影响，公司缩减人员规模，决定辞退一部分员工，此时小伟才有了危机感，因而就像打了鸡血一样努力拼搏，只为了能保住自己的工作。然而，没有任何人能够一夜之间就把工作做好，小伟也是如此，他还是不可挽回地失去了工作。

因为没有突出的能力，小伟只能继续寻找销售类工作。找来找去，有两家医药公司招聘销售代表。小伟出人意料选择了条件苛刻的那一家，因为他很清楚自己没有时间继续浪费和耽搁了。几年之后，小伟果然出人头地，成为医药销售的佼佼者。后来，小伟又换了一家规模更大的医药公司，更加努力，几年之后就成为销售总监。从那之后，他的人生截然不同了。

对于小伟而言，漫长而又难熬的那段时间，恰恰是他不断沉淀，蓄势待发的时候。如果没有那段难熬的日子，他也就不会沉下心来思考人生，更不会痛定思痛努力奋斗。如果没有那段难熬的日子，他现在挣扎在销售行业的最底层。毋庸置疑，每一个年轻人在离开校园走向社会的时候，都会觉得很不适应，毕竟残酷的社会和安稳的校园完全不同。然而，他们终究要熬过这段时间，也为自己积累职场经验，才能出人头地。

走在大城市的街头，随便找几个人问问，他们之中一定有人曾经住在连手机信号都没有的地下室中，一定有人曾经彻夜加班，一定有人因为住得远不得不披星戴月上下班，也一定有人因为囊中羞涩甚至连一瓶矿泉水都舍不得买。然而，熬过这一段，人生就会豁然开朗，也会变得从容不迫。谁的青春不奋斗，谁的青春不疼痛？只有压紧牙根，让人生更多一些可能性，也让人生有更多的资本，让人生有更多选择的余地。记住，人生是熬出来的，总有一段晦暗的时光，我们甚至从人生中得不到任何援助。走过风雨就迎来了黎明。

第09章

成为你想成为的人，活成自己喜欢的样子

一个人，不管是孩子还是成人，也不管是男人还是女人，都要明白一件事情，那就是一个人之所以活着，绝不仅仅是为了否定或者嫌弃自己，也不是为了赢得所谓的金钱名利，而是为了活成自己想成为的样子，这样才能与最好的自己相遇。当你成为你想成为的人，当你活成自己喜欢的样子，你就找到人生的价值和意义，也找到人生的真谛。

成就更好的自己，才能遇到对的人

很多人都把爱情当作人生唯一的目标，觉得拥有爱情才不枉此生。实际上，一首诗诠释了爱情、自由与人生的关系。“生命诚可贵，爱情价更高。若为自由故，两者皆可抛。”由此可见，爱情比生命更重要，而相比起爱情，更重要的是自由。在爱情之中，爱得痴狂的人总是愿意为爱情付出一切，甚至包括生命，却不知道哪怕爱得再深沉浓烈，也要坚持自我，找寻到人生的自由，这样才能成就更好的自己。而只有做最好的自己，我们才有资格遇到对的人，也才有资格获得更美好的爱情。

相比起男人，很多女性或者是因为电视剧看多了，或者是受到言情小说的影响，总觉得必须拥有一场轰轰烈烈、如同飞蛾扑火般的爱情，才能在人生中有更好的际遇。实际上，男人和女人并不相同，因为更多的男人看重的是事业。为此，也有一句话来说明这种现象，那就是男人征服世界，女人征服男人。这句话的基础就是，女人把爱情作为毕生的追求，把追求人生的另一半作为自己的人生大事。还有的女人说自己一生之中有两次投胎，一次投胎是投奔父母，是无法选择的，而第二次投胎则是走入婚姻，是可以选择的。这样的女人认为，爱情是自己的整个世界。对爱情全身心投入固然是好的，然而一旦爱情出现挫折，就会给她们带来极大的困扰。这是因为当整个生命只剩下爱情这一件事情，一旦爱情发生任何变故，都使得人生的大厦轰然崩塌。所以不管是男人还是女人，在追求爱情之前，都要成就更好的自己。否则，如果自己不够美好，也就不要嫌弃爱情不尽如人意。

为了这段爱情，她简直把自己卑微到尘埃里。他不愿意她总是打电话给自己，她就不打电话，一个人留在家里整夜整夜地等候；他不喜欢见到她的爸妈，每到春节，她就自己回家过年，绝不勉强他尽到一个做女婿的责任；他不想要孩子，也不愿意采取避孕措施，她就一次两次三次地流产，导致子宫壁越来越薄，甚至要失去生育能力。每当看到其他女孩在爱情中被宠爱成公主，她就总是暗自落泪。直到有一天，她再也不愿意当如此卑微的女人，主动提出分手，在留下一封信后就不告而别。

没有人知道她去了哪里，她和往常一样给远方的父母打电话报平安，但是把自己的行迹掩藏很好，从未露出任何蛛丝马迹。五年后，她回来了，再次出现在这个城市，带着自己的孩子，带着与众不同的神情。她没有惊动任何人，独自在这座城市里生活，把孩子送入幼儿园，她居然应聘进入一家规模很大的外企，成为高级白领。直到有一天，他在商场里与她偶遇，简直不敢认她，那么容光焕发，面色宁静。此时，他也已经成家立业，看着她带着的孩子与自己眉宇间有些相似的神情，他不由自主感到心痛起来。五年前，他是如何伤透了这个女人的心，才让她那么决绝地离开啊。看着如同凤凰涅槃的她，他感受到自己的平凡和卑微，甚至不敢上去搭讪。后来，他辗转打听到她的现状，也知道有很多优秀的男士追求她，心中的愧疚才少了一些。

一段爱情，或者毁灭一个女人，或者成全一个女人，但是成全的方式却大不相同。有的男人用爱成全女人，有的男人用恨成全女人，而有的男人则用伤害成全女人。实际上，爱情之中根本没有高低贵贱之分。每个人要想拥有爱情，就必须摆正自己的姿态，在爱情中既不要自高自大，也不要自轻自贱。记住，当你在爱情中的姿态正确了，你的世界也就变得正确。

实际上，一个人如果不能成就更好的自己，也就不会遇到对的人。与其在爱情的道路上跌跌撞撞，盲目尝试，不如把时间用于提升自我。很多时候，当我们遇到的人不够好时，不要悲伤，也不要抱怨，实际上是我们自己不够好，所以才会总是与好人失之交臂。记住，任何时候，你都是你人生的主体，也是你人生的主宰，是绝不可轻易辜负的希望所在。

当你足够坚强，挫折也向你臣服

心理学上，有个南风效应，是说当北风呼呼地吹，只会导致天气越来越寒冷，行人用衣服把自己包裹得更加严实。而当天气渐渐变得温暖，行人就会敞开衣服，脱掉厚重的棉服，也摘掉帽子和围巾。这就是南风的威力，也告诉我们很多时候温暖远远比声色俱厉效果更好。

现实生活中，人人都会遇到各种各样的挫折和困难。正如一首打油诗里说的，困难像弹簧，你强它就弱，你弱它就强。所以我们如果想要征服困难，就要有强硬的姿态，绝不向困难屈服，谁让苦难总是恃强凌弱，也总是装神弄鬼吓唬人呢。当真正走过人生中艰难的境遇，我们才会发现原来一切的挫折都是纸老虎。只要意志坚定，最终挫折也会被我们征服，真正对我们俯首称臣。

高考中，他仅仅以一分之差与心仪的大学失之交臂，这让他心灰意冷，甚至觉得自己的人生都失去了意义。他不断沉沦，觉得命运就是在故意捉弄自己，也因此自暴自弃，抽烟喝酒，觉得人生无望。面对着复读一年继续冲刺还是退而求其次去另一所大学报道的选择，他选择了后者，因为他不想在所有同学都去上大学之际，自己却只能依然高三。

看到他颓废沮丧的样子，开学在即，父亲特意请他喝酒。酒过三巡，父子俩都小醉微醺，父亲找出一个空瓶子问他："如果你的人生就是这个空空的瓶子，那么你觉得以你目前的状态，与心仪的大学失之交臂，你应该给自己装入多少酒？"他认真地想了一会儿，说："半瓶吧。"得到他的回答，父亲拿出整整一瓶酒，让他往空瓶子里倒入半瓶酒。然后，父亲把这半瓶密封好，告诉他："等你从失败的阴影中走出来，咱们一起打开这半瓶酒。"去了大学报道之后，他突然发现虽然与心仪的大学失之交臂，但是他的学习和生活似乎并没有受到太大的影响。在大学里，他依然能交到真心的朋友，而且还追求到一个非常出色的姑娘。在专业进行调剂之后，他很喜欢自己的专业。半年过去，他发现自己的心态改变了，甚至开始庆幸自己能够阴差阳错来到这所大学。

寒假回家，父亲拿出那半瓶酒，问他："现在，我们可以打开这半瓶酒了吗？"他有些羞愧，点了点头，就这样，父亲打开半瓶酒，平均倒入两个杯子，和他对饮起来。父亲语重心长对他说："现在再回头看，还觉得那是个过不去的坎吗？"他摇摇头，说："我很喜欢现在的生活。"后来，每当遭遇挫折的时候，他总是和父亲一起往空瓶子里装酒。和之前一样，在经历痛不欲生之后，这些酒都被他和父亲均分喝掉了。

原来，生活中很多看似无法逾越的艰难，等到时光悄然流逝，都已经成为了人们生命中沉甸甸的经验。这些经验帮助我们更好地面对挫折和坎坷，也把我们的心打磨得更加坚强，使我们能够鼓起勇气继续面对人生的不如意。如果没有这些艰难，人生就不会成长，而是在止步不前中不断退步，也对人生渐渐绝望。

假如现在的你因为一些原因错过了人生中的人或者事情，千万不要觉得悲哀绝望。古往今来，那些能够青史留名的人中，没有谁的人生是一帆风顺的。任何时候，我们心中都要有一个空酒瓶，帮助我们储存人生的苦涩，在时间的酝酿下，苦涩变成了美酒，再一饮而尽。总之，在人生的道路上，挫折似乎是不可避免的。如果少了挫折，或者是没有了苦涩的衬托，人生也就不会顺遂如意，更不会有所谓的幸福甘甜。正如一首歌里所唱的，不经历风雨，怎能见彩虹。我们每个人都要勇敢承担起人生的责任和磨难，才能在人生中尽情享受阳光的照射。

心怀信念，走好自己的人生之路

心理学家曾经研究证实，很多人的天赋都相差无几，而在人生之中，之所以有的人收获满满，而有的人却总是与失败纠缠，实际上都是因为后天努力的程度以及承受失败的态度不同导致的。不得不说，很多人的失败都与自卑有着密不可分的联系，假如他们能够鼓起信心和勇气，说不定就能把握好人生，也不至于因为人生的小小挫折就觉得无力承受。

有段时间，英国一个姑娘引起了很多人的注意。通常情况下，大家在网上晒照片，都是晒自己的美丽，但是这个姑娘却把自己只穿着泳装的肥胖身体放在网上自嘲："我真的很勇敢吧？"出乎她的预料，面对她的勇敢自信和对生活的热爱，很多人都成为她的粉丝，都大力支持她。在短短的时间内，就有六万多人点赞这张自曝其短的照片，也有超过五万的网友转发这张"勇敢的照片"。对此，那个姑娘说："我不想因为一身赘肉而把自己关在家里，也不想因此而放弃享受快乐的海滩。

我不管别人怎么想，我只想让自己变得更高兴。”那些粉丝听到这番话，更加力挺这个虽然很胖但是却非常快乐的姑娘。不得不说，人性尽管有很多弱点，但是追求真善美还是最强力的潮流。

遗憾的是，在我们身边，能够和这个姑娘一样勇敢自信的人少之又少。太多的人活在他人的眼睛里，一旦感受到他人异样的眼光，他们就会觉得浑身不自在，甚至恨不得找个袋子把自己装起来，从而避免受到他人的品评。有几个胖子能像这个姑娘一样豁达潇洒呢？大多数胖子总是觉得心堵，甚至觉得自己愧对于人。当然，除了肥胖之外，还有很多因素都会导致人们自卑，例如身材矮小、皮肤黝黑，或者家庭穷困，以及性格孤僻等。总而言之，对于一颗自卑的心而言，一切事情都能引发自卑，导致对自己的否定。因而，并非人生的道路太狭窄，也并非他人的眼睛太毒辣，最重要的在于我们自己要心怀信念，才能走好属于自己的人生之路。

小徐来自偏僻的农村，起初，因为自己能从农村考入大城市的大学，觉得非常骄傲和自豪。然而，等到真正开始大学生活，他才感觉到压力如影随形。那些城市里的同学，一个个衣着光鲜亮丽，而且花钱大手大脚，而小徐穿着土气的衣服和妈妈亲手做的布鞋，简直成为校园里一个不和谐的音符。原本，小徐在学习上还占有优势，但是和同学们相处之后，他才发现自己的知识面很狭窄，甚至有的时候同学们谈论新鲜的事物，他都听不懂。渐渐地，同学们也不爱和他交流了，他觉得更加苦恼。

有一次，上信息课，其他同学从小就把电脑玩得很熟练，而他却是第一次看见电脑。为此，同学们全都笑话他，说他是土老帽。他觉得伤心极了，也觉得在同学们之间抬不起头来。后来，班主任知道此事，特意找他谈话，还对他进行心理危机干预。班主任很清楚，如今大学校园里，孩子们因为心理问题导致出现恶性事件的概率很高，因而也很重视他的心理波动。在班主任老师的开导下，他渐渐意识到自己没有必要盲目自卑。班主任苦口婆心地说："如果同学们都来自大城市，你也可以把农村的生活讲给他们听啊，相信他们一定不了解农村生活的快乐和新奇。或者，你也可以邀请相处好的同学去你家里做客。总而言之，自卑是要不得的，每个人生而不同，如果对于人有我无的事情都感到自卑，那么人人都会陷入自卑的旋涡无法自拔。相反，唯有坦然自信，我们才能悦纳自己，也才能有所成就。你看自古以来那些圣贤先哲，谁不是把人生看透呢？"班主任的话打开了小徐的心结，他意识到自己现在要好好学习，才能改变命运，而自卑只会让人生沉沦。从此之后，小徐怀着自信的心态，再也不因为同学们的嘲笑而自卑，后来与很多同学都关系友好，也的确如老师所说的，还借着假期邀请同学们去他家里做客呢！

一个人如果总是因为外界的各种风吹草动就导致人生波澜起伏，那么他就很难安守自己的内心。而一个人如果心不安分，那么又如何能够从容面对人生呢？所以一个人既不要妄自菲薄，也不要妄自尊大，唯有怀着冷静理智的心，客观评价自己，才能最大限度发挥自身的潜力，让人生有更好的发展。

信念是人生的脊梁，也是人生的旗帜。不管在生活中我们是主角还是配角，在人生之中，我们都要把自己当成主角。就算没有聚光灯我们也要认为自己头顶光环，这样一来，一切的辛苦和付出，就都会有所收获。当然，摆脱自卑也是有技巧的。例如更多地与他人相处，在人群中找到自信。再如，努力在众人面前表现自己，哪怕第一次当众发言很不顺利，也要培养自己当众发言的能力。英国前首相丘吉尔，第一次当众发表演讲失败了，但是他从未因此而放弃当众演讲，反而意识到自己的不足之处，并多方面努力提升自己的演讲能力。最终，他成为英国最具有影响力的演讲家，也因此而走上仕途，创造了丰功伟绩。最后，还可以自我激励。虽然很多人都认为自我激励只是没有什么显著效果的形式，实际上，自我激励恰恰能够帮助我们鼓起信心和勇气，用积极暗示的方式自我激励，也能够起到很好的效果。

努力争取，你才能过上自己想要的生活

命运从来不会特别亏待一个人，也不会尤其青睐一个人。每个要想得到自己梦寐以求的生活，就要不断努力去争取。否则，没有人能够轻而易举就过上自己想要的生活，这是因为命运从来不支持任何人不劳而获。当意识到必须依靠努力争取才能得到自己想要的一切时，你是选择

落荒而逃，不愿意付出辛苦和努力，还是选择拼尽全力，从而让自己的人生绽放出更多的精彩呢？懒惰者选择前者，勤奋者选择后者，还会因为勤奋就能改变命运而欣喜异常。

当觉得生活枯燥乏味，或者距离自己梦想中的生活很遥远时，我们不妨努力一下，问问自己：我为何不能如愿以偿，是天赋不够，还是努力不够？如果一个人抱着笨鸟先飞的想法，在人生中总是能够抓住各种各样转瞬即逝的机会，那么他就能过上自己想要的生活。记住，客观存在的一切是无法改变，我们真正能够操控的是自己的心态。常言道，心若改变，整个世界也随之改变，所以我们必须亲自去争取，才能获得想要的一切。

生活中，总有很多人都觉得自己是这个世界上最不幸运的，也总觉得自己怀才不遇，一张口就是抱怨和牢骚。实际上，越是充满抱怨和牢骚的人，越是不愿意直面这个世界，也越是表现出他们逃避的态度。当一个人真正做到面对一切，那么他们就能够从容淡然，做到接纳自己，也悦纳人生。心无暴戾，努力才能心甘情愿，这是亘古不破的真理。

作为公司的新进人员，墨菲实际上是老总作为储备干部招聘来的。在同期进入公司的十个职员中，墨菲最不起眼，其他人都被各个部门的负责人挑选走了，唯独剩下墨菲。看到其他新同事都有了该干的事情，而自己却悬而未解，墨菲决定主动出击，去其他部门推销自己。然而，其他部门的负责人都委婉拒绝了墨菲，一则因为他们没有合适的岗位安排墨菲，二则也因为他们不太喜欢墨菲木讷的样子和直截了当的言辞。

看到自己依然没有着落，墨菲更是心急如焚。她傻乎乎坐在办公室里好几天，无事可干，主动帮忙也被同事拒绝。墨菲暗暗想道：我不能就这样把自己闲死，我必须非常努力，才能有事可干。到了中午，墨菲发现有些同事错过了午饭的时间，就随便吃点儿方便面，因而墨菲主动在午餐前去各个部门统计需要订餐的人数，为大家定制美味可口的饭菜。当同事们即使加班也不至于饿肚子之后，大家纷纷夸赞墨菲是个有眼力见的好姑娘。当然，也有的同事觉得墨菲的无事献殷勤可笑，毕竟公司并不需要一个专门订餐的人。然而，不管出于哪种心态，大家都记住了墨菲。最终，墨菲的举动引起领导的注意，也让领导意识到墨菲是个可造之材。没过多久，墨菲就第一个转正了，而且也因为和同事之间关系良好，墨菲在工作上如鱼得水，不管需要与哪个部门合作都能得到很好的配合。

后来，行政部看重墨菲眼里有活，而且心思灵活，为此特意把墨菲提升为行政助理。虽然行政助理这个职位听起来很好听，但是做过的人都知道，本质上就是打杂的。很多人都不愿意担任这个职务，但是墨菲却毫无怨言，她不但包揽了办公室里所有的杂活儿，而且还把没有人愿意承担的工作也承担起来。渐渐地，墨菲对办公室的各项事务越来越熟悉，最终被领导提升为行政主管，从此之后成为了公司里不可或缺的重要人物。

对待工作，大多数年轻人的理想是尽量做最少的活儿，然后能够得到更多的薪水。殊不知，现代职场一个萝卜一个坑，根本没有这样的好事情能够轮到谁的头上。很多职场新人频繁换工作，总是得不到好的发展，就是因为他们眼高手低。如果能够像墨菲一样主动找工作承担，哪怕再辛苦和劳累也绝不抱怨，那么就能在职场上站稳脚跟，稳扎稳打开展事业。

老人常说，力气是用不完的。因而作为职场上的年轻人，一定不要吝惜自己的力气，而要竭尽全力为了工作打拼。记住，当很多人都不愿意做某件工作，而唯独你去做了，你就能在上司的心中留下好印象，也获得同事的认可。反之，如果一项工作人人都抢着去做，那么哪怕做得好了，也未必会有功劳，而且还因为想做的人挤破了脑袋，轮到谁还不一定呢！所以要想在职场上出人头地，一定要抓住机会，竭尽全力表现自己，展现自己的能力。

面对优秀的你，敌人也会为你鼓掌

每一个在职场上身经百战的人，都曾经遇到过一种很困难的处境，那就是与某个同事或者上下级搞不好关系，甚至水火不容，因而导致工作变成了一种折磨，不知道自己该果断辞职逃离，还是应该一直坚守，直到彻底降服对方。实际上，人们对于职场树敌的事情向来有着不同的见解和态度，有人说在职场上打拼原本已经精疲力竭了，哪里还能容忍一个自己讨厌的人出现在面前；有人说越是有强敌存在，越是能够激发出自身的斗志，从而在工作上有更好的表现；也有人说与其整天面对敌人，还不如果断辞职，此处不留爷，自有留爷处，再另觅逍遥自在的舞台。实际上，这些态度都各有道理，也都是从自身的出发点考虑问题的，无可厚非，也说不上谁对谁错。

有人说，看一个人的底牌，看他的朋友；看一个人的实力，看他的敌人。由此可以看出，只有实力相当的人才能为敌，所以敌人也很好地代表了我们的实力。那么，我们到底应该以怎样的态度面对敌人呢？细心的朋友会发现，在很多武侠小说中，武艺高强的人总是四处寻找敌人切磋武艺。虽然如今不是武林时代，但我们同样需要敌人证明自己的实力。而当我们以能力征服敌人，他们就会为我们鼓掌，也会心甘情愿向我们臣服。所以说，我们要用实力为自己代言，这才是最强有力的说明。

作为初入职场的新人，小梅虽然对待同事们都很客气，也很谦虚，但是她的个性却相对强硬。进入公司没多久，因为在工作上与另外一位老同事产生纷争，小梅就与那位同事大吵了一架。从此之后，她与那位同事之间总是针尖对麦芒，谁也不愿意让着谁。这不，才几天过去，小梅又与那位同事吵架了。

吵架之后，小梅愤愤不平，到卫生间里打电话给自己的闺蜜，还故意大声说话生怕别人不知道她的大嗓门。后来，电话那头的闺蜜劝了小梅几句，小梅就说："我告诉你，我可不是吃素的。别看我平日里尊重这个尊重那个，那是人家值得我尊重。谁要是不尊重我，也别想我尊重他。老员工怎么了？老员工难道就能欺负新员工吗？大不了就辞职，老娘也不受这个气。”每一个来卫生间的人，都把小梅的话听得真真切切，很快消息就传到领导耳朵里，领导直接对小梅说：“如果不愿意干就走人，别给我兴风作浪。”就这样，小梅失去了工作。

在这个事例中，小梅原本工作得好好的，却因为与一个老员工产生矛盾，因而闹得尽人皆知。对于小梅而言，不应该与老员工故意争执，自己初来乍到，如果能好好沟通那么事情就会是不一样的结果。其实对于职场人士而言，不可能在到一家公司之后，遇到的都是自己喜欢的人。牙齿还会碰到舌头呢，人在职场上每天相处，又如何能完全和谐融洽呢？

在遇到不喜欢的同事时，一味地逃避未必是好办法，即使跳槽了，也有可能再遇到不喜欢的同事。这种情况下，又该怎么办呢？没有人能保证自己遇到的都是喜欢的同事，也没有人能够保证跳槽之后就一切顺心如意。当然，我们也要摆正心态，毕竟同事关系是比较松散的关系，所以我们完全没有必要对同事过于苛刻地要求。在与同事发生冲突的时候，还要注意控制自己的情绪，不要因为情绪失控做出让自己懊悔的举动。记住，每个人都无法逃避敌人的存在，生活也从来不是以化敌为友为目的的。但是我们却要酌情面对自己的敌人，对于有些死敌的确要拼尽全力去战胜，对于有些惺惺相惜的敌人，我们要绽放自己的魅力，让他们心服口服为我们鼓掌即可。

唤醒自己，世界为你惊叹

每个人都有潜能，潜能就像是海中的冰山，只露出一个角，而大部分都隐藏在海平面之下。潜能也是如此，当潜能如同原子反应堆一样发生裂变，爆发出能力，你的人生才会从此变得与众不同，甚至你的生命也会出现诸多的奇迹。所谓潜能，就像是沉睡的巨人，等待着外界的力量将其唤醒，也像是沉睡的雄狮，时刻要爆发出伟大的力量。如果一个人能够完全发掘出自身的潜能，他就不再平庸，甚至能够变成牛顿和爱因斯坦那样伟大的人。不管别人怎样评论我们，我们都要坚定不移地相信自己，相信自己有力量操控人生，掌握命运，也相信我们最终一定会获得成就，令人瞩目。

如果你相信潜能的力量，你就会相信自己可以掌握几十种语言，也会相信自己能够背诵很多如同《圣经》一样的书籍。你也会相信自己能够在某个方面有突出的表现，或者在诸多方面都节节攀升。你当然坚定不移地认为这一切都不可能实现，因为你从未真正见识过潜能的力量。但是一旦你了解潜能，你就会坚定不移地相信，你一定能做到。无数的专家学者都以科学的论证告诉我们，几乎每个人都蕴藏着巨大的潜能等待开发。更有学者指出，每个人只运用了自己十分之一的潜能。不管这个结论是否正确，也不管我们到底蕴含着多少潜能，我们都是有很多力量可以发掘出来的。只要我们始终坚信自己的力量，也相信自己可以获得伟大的成功，那么我们最终就可以爆发出力量，也能够轻松达到人生的伟大目标。

要想让世界为你惊叹，你只需要做一件事情，那就是激发出自己的潜能。古往今来，有很多事实证明人的潜能是无限的。很多时候，人们只是自己限制了能力的发展，而没有正确认知自己。当人们突破自己内心的囚牢，也就能够释放自己的能量。

美国人梅尔龙19岁的时候在越南打仗，导致背部被流弹击中，从此之后下半身瘫痪，不得不坐在轮椅上。整整十二年的时间里，梅尔龙始终依靠轮椅代步，直到发生了一件神奇的事情。

自从瘫痪以来，梅尔龙始终觉得人生绝望，总是借酒浇愁。有一天，他和往常一样去酒吧喝酒，喝得醉醺醺的才坐着轮椅回家。不想，在路上，三个劫匪看到梅尔龙不能自由活动，因而起了歹念，动手开始抢夺他的钱包。梅尔龙不顾一切反抗，导致劫匪被激怒。劫匪在抢走他的钱包之后，还把他的轮椅点燃了，以泄仇恨。梅尔龙顾不上钱包，看着着火的轮椅，他感受到生命受到威胁，居然忘记了自己是个瘫痪十二年的残疾人，情急之下站起来跑了一条街。等到他意识到自己居然能跑步了，也被自己吓住了。事后，回忆起当时的情境，梅尔龙说："我简直吓坏了，只想着如果我不赶紧逃走，就会被烧死。为此，我一跃而起，离开着火的轮椅，后来才发现自己居然能走动。"如今，梅尔龙已经找到了适合自己的工作，他身体状态非常健康，从此之后彻底摆脱轮椅了。

人只要有潜力，何时开始都不算晚。梅尔龙就是在情急之下爆发出潜能，所以才能彻底忘记自己十二年前就已经瘫痪的事实，从而勇敢地站起来逃命。如果不是遇到三个劫匪，也许梅尔龙还会继续坐在轮椅上，也就无法展开自己的健康人生了。

有很多事情都能证明人是有潜能的，曾经有两个年逾古稀的老太太，一个人认为自己的人生即将结束，因而万念俱灰。而一个人则认为自己还来得及做很多事情，所以开始学习登山。二十多年过去，等到九十五岁的时候，这位乐观的老太太居然爬上了日本的富士山，是迄今为止以最高龄攀登富士山的人。生命总会有奇迹，只要心中怀着信念，勇敢地激发出自身的潜力，就一定能够让人生有与众不同的绽放。最重要的是，我们必须首先做到相信自己，不要自己否定自己，这样才能不限制自己的发展。否则，如果一个人从内心深处限制自己的发展，又如何才能摆脱客观外界的束缚，让人生大放异彩呢？

第10章

未来的你，会感谢现在勇敢的自己

在经历了人生的诸多坎坷和挫折之后，也许你会觉得苦恼，或者因为人生的不如意而懊悔，但是实际上，你一定会感谢现在勇敢的自己。正是因为此时此刻你的勇敢，帮助你面对人生的坎坷逆境，也正是因为此时此刻你的勇敢，你才能不放弃拼搏，让人生未来有了更多的希望和更丰实的收获。可以说，正是现在勇敢的你，才成全了未来的你，也让你的人生更多几分精彩。

人生没有弯路

每个人都希望人生的道路是一帆风顺的，也希望人生顺遂如意。然而，每个人的人生之路注定要弯弯曲曲，不可能顺畅无比。你可以以发现美丽的眼光欣赏世界，当你的心安静淡然，世界也会变得平静美好。反之，如果你总是以恶劣的眼光和心境对待一切，你看到的世界也是糟糕的，甚至是遍布荆棘的。

人生之中，有些路你注定要走，虽然这条路不是弯路，但是却总是会遇到各种困难和阻碍。没有人的人生是绝对顺遂的，正如人们常说的，人生不如意十之八九。我们唯有坦然从容面对人生的各种境遇，才能保持积极乐观的心态，才能努力改变生命中不合时宜的一切，从而让人生更加绚烂地绽放。

正如前文所说的，没有任何一段人生是白白经历的。当我们以积极的心态面对人生，我们总能找到人生中值得庆幸的一面，也真正感恩人生。人生就像一场牌局，没有任何人能确保自己抓到一手好牌。如果牌不够好，也没关系，只要把牌重新组合，或者抓住各种机会努力扭转命运的局势即可。如果看到坏牌就放弃了，看到弯路就止步不前了，人生永远没有进步。

有个年轻人大学毕业后，要去美国海军陆战队服役。他为此忧心忡忡，很为自己的命运担忧，甚至觉得就像要到世界末日一般绝望。祖父看到年轻人的样子，想方设法开导年轻人："孩子，别担心。进入海军陆战队之后，你只有两个去处，或者去内勤部门，或者去外勤部门。当然，假如你在内勤部门，你更无须担心了，因为内勤部门很安全。"年轻人反问："如果被分入外勤部门呢？"祖父说："进入外勤部门，你也无须担心了。因为进入外勤部门后，你或者留在美国国内，或者被派往国外。如果留在国内，你就完全不用担心。"

年轻人依然没有觉得安全，反而更加担忧："假如我被派到国外去呢？"祖父淡然地说："去了国外，你有可能被派到和平的国家，也有可能被派到动荡不安的国家负责维和。就算是被派到动荡不安的国家，也是好事啊。"年轻人恐惧地问："去维和，可是冒着生命危险，有什么好的呢？"祖父说："即使在动荡不安的国家，你也有两种命运。一种是负伤，一种是平安归来。"年轻人说："万一我就是那个倒霉蛋，不幸负伤呢？"祖父说："负伤也没关系，只要活着就好。"年轻人说："但是如果无法医治，导致失去生命呢？"祖父说："那你就是战斗英雄，这是每一个奔赴战场的人最高的理想和志向。人固有一死，或轻于鸿毛，或重于泰山，你当然想让人生轰轰烈烈，死得其所吧！"

从这个事例中不难看出，每个人的人生都永远面临两个选择。所以，人生其实没有太多的选择，不是走这条路，就是走那条路。这也完全符合辩证唯物主义的观点，即每件事情都有两种可能性，从而导致结果也截然不同。即使再糟糕的结果，也会蕴含着伟大的希望，所以不管面对人生怎样的境遇，我们都无需绝望。早在古时候，老祖宗就告诉我们世事无常，也是为了教会我们要从容面对生活。

伟大的科学家霍金曾经说过，生活的本质就是不公平，无论在人生之中面对怎样的境遇，你只要全力以赴就好。的确，如果生活让你悲观绝望，你就要鼓足所有的勇气去面对，而不要轻易退缩，或者畏缩不前。记住，天无绝人之路，人生中所谓的绝境，实际上并非是真正的绝境，而是因为人们在心中放弃了希望，才会导致自己一蹶不振。从这个角度而言，每一个陷入绝境的人，都是因为精神大厦率先崩塌，因此才会导致人生也彻底沦落。与此恰恰相反，假如一个人在面对人生绝境的时候，始终保持坚韧不拔，那么就没有任何事情能够击垮他。

人生真正的强者，就是在生活中闲庭信步，坦然面对一切的坎坷与挫折。从本质上而言，人人都具备获得成功的天赋，哪怕是在生理上有些许的缺陷，只要内心坚强不屈，每个人都能成为人生的强者，奋斗到获得人生中巨大的成功。因此，朋友们，无论你在人生中曾经失去了什么，都不要失去梦想和希望，也不要自暴自弃、自怨自怜。记住，哪怕别人拥有再多，哪怕我们再怎么努力奋斗也无法拥有那些富二代一出生就拥有的财富，我们也依然要坚持不懈地努力，为了人生中微小的希望而拼尽全力。

不忽略小事，勇敢去尝试

从很小的时候，我们就开始接受关于人生和理想的教育，被父母灌输长大之后一定要出人头地的思想。实际上，对于人生而言，成功并没有统一的标准，有的人觉得成功就是有更高的官位，有的人觉得成功就是赚取更多的钱，还有人觉得成功就是要岁月静好。的确，成功向来没有统一的标准，任何情况下，我们都要牢记自己的初心，而不要在追求成功的道路上迷失自己。很多人都过分关注成功，都希望人生轰轰烈烈，殊不知，大多数人的人生注定要平平淡淡。难道平凡的人生就不成功吗？当然不是。只要你能够按照自己期望的方式生活，得到自己想要的生活，就是真正的成功。做到这一点，最关键的在于战胜恐惧，勇敢去尝试，努力去追求。

古人云：一屋不扫，何以扫天下？实际上这句话非常有道理，人生中只能偶尔遇到惊天动地的大事，大多数情况下，我们要与小事打交道，唯有把小事做好，我们才能真正做好大事。否则是舍本逐末，就是不懂得人生的意义，也让人生本末倒置。然而，潜移默化的教育根深蒂固，如果我们对小事习以为常地忽视，那么渐渐地，我们就会彻底忽视小事，也无法感受到小事的价值和意义。众所周知，万丈高楼平地起，每一件大事情都是由很多件小事组成的，也因此注定了小事情和小细节，会影响到大局。所以真正的成功者，不会忽略小事，也不会因为对小事的恐惧，就让人生止步不前，否则很有可能导致人生惨败，甚至造成无法挽回的后果。

很久以前，小威因为小事上不肯吃亏，所以总是粗心大意，在小事上惹下祸患。也因为总是忽略小事，不愿意去尝试，他也错过了人生的很多机会。

有一次，小威接受单位的任务出差，去订购一批牛皮。小威去了牛皮的原产地，也的确参观了很多家牛皮生产厂家，也进行了细致的比较，从而确定在一家牛皮质量好、价格也相对更合理的工厂订购。原本，小威完成任务是万事俱备只欠东风，没想到小威最终却闯下了大祸。他在与牛皮厂家签订的合同上特意写道："每张大于0.5平方米、有疤痕的不要。"结果，这个顿号闯了大祸，导致小威给公司造成了严重的损失。牛皮厂家发来的牛皮，全都是小于0.5平方米、没有疤痕的低级牛皮。最终，小威和公司只能是吃了个哑巴亏，小威为此被扣掉年终奖，而且还遭到了上司的严厉批评。

如果把合同上的备注写成"每张大于0.5平方米。有疤痕的不要"，那么小威和公司就无需承担这样的巨大损失。归根结底，是因为小小的细节，导致小威错过了一个大功劳，反而闯下了祸患。与此相似的事情，现实生活中也时常发生，然而既然是因为自己的失误导致的，只能默默地承担后果。唯一的收获就是，要告诫自己以后不要发生类似的事情，从而才能避免再次遭受同样的损失。

从本质上而言，人生的很多转折点并非出现在重大的事件上，而是因为小事才出现转折。所以我们要更加注重生活和工作中的细节，也不要漠视任何努力。记住，成功的人生是从小事展开的，所以唯有我们努力做好每一件小事，才能让人生越来越接近成功。细心的朋友会发现，大多数成功者虽然没有过人的天赋，但是他们的确有着过人之处。他们从来不觉得自己做的是小事情，而是以完成大事的态度面对和处理小事。正如古人所说，不积跬步无以至千里，不积小流无以成江海。人生也是如此，唯有做好日复一日的琐碎小事才能让人生积累更多的财富，成就更大的事业。

现代职场，很多年轻人对于本职工作完全不放在心上，总觉得工作不值一提，也不会有什么成就。殊不知，如果你连最基本的工作都做不好，上司怎么可能把重要的任务交给你去完成呢！只有用小事证明自己的认真负责，你才有机会承担重要的工作任务，也才有机会完成人生的伟大使命。因此每一个想要成就人生伟业的人，都绝不会放过任何小事情，要想成就大事，就要着眼于小事，要想建立功绩，就要以小博大，以细节证明自己的真正实力。

努力，从来不会太迟

很多人都因为是否应该继续努力而纠结，无数的励志书籍更是已经对人展开了几番洗脑。然而，大多数人的努力都浮于表面，或者是为了成功，或者是为了面子，只有少数人的努力才能透过现象，洞察本质，也才能真正扭转命运。所以永远不要抱怨命运，更不要对人生怨声载道，要记住，不是努力没有回报，而是你努力的还不够。当人生不如意时，我们首先要反省自己，让自己更加努力，做到最好，才能如愿以偿。

对于每个人而言，生命都是公平的，没有人知道生命何时戛然而止，唯有把握生命的宽度，拓展生命的意义，才能让生命绽放更多的光彩。然而，总有些人说，人生已经失去了最好的时机，努力也变得毫无意义。实际上，人生不管何时开始都不算晚，努力不管何时开始都会有所收获。记住，努力从来不会太迟，最重要的是我们要始终有一颗积极向上的心。很多年轻人总想知道自己应该最迟何时开始努力，很多年老的人也总想知道自己何时还能继续努力。归根结底，人们都想知道努力的时效，也想知道命运的归途。有一点是毋庸置疑的，那就是不管何时，我们的人生都要尽快启程，才能获得更好的结局。一味地拖延和等待，只会让人生最终失去先机，陷入被动和尴尬的局面之中。

1860年，摩西奶奶出生在美国的一个农民家庭中。因为家境贫困，为了帮助父母养家糊口，她小小年纪就去有钱人家当女佣。后来，她结婚嫁人，和大多数普通而又平凡的家庭妇女一样，整日为了柴米油盐酱醋茶的事情劳碌奔波。在经过一番忙碌和辛苦之后，她每当有休闲的时间，就拿起绣花针开始刺绣，以此打发无聊的时间。然而，在76岁的时候，摩西奶奶因为患上严重的关节炎，导致膝盖疼得不能弯曲，从此之后，她再也无法安安静静地坐在那里刺绣了。

后来，在女儿的建议下，摩西奶奶拿起画笔，开始作画。一个偶然的机会，她的画作被一个收藏家看到，那个收藏家收购了摩西奶奶所有的画，并且为这些画作举办了画展。很快，摩西奶奶就凭借着清新的画风，赢得了很多人的喜爱。她自从拿起画笔就笔不辍耕，在八十岁的时候，第一次在纽约举办了个人画展。此后，她更是爆发出创作的热情，成为一位大名鼎鼎的高产画家。直到101岁，摩西奶奶离开人世，就连美国总统肯尼迪都为摩西奶奶致讣告词，赞誉摩西奶奶是“得到所有美国人爱戴的艺术家”。摩西奶奶用她的亲身经历告诉我们：任何时候，有梦想就去实现，做自己想做的事情，只要认真努力，就一定会有伟大的收获。

难以想象，在大多数年逾古稀者都开始养老的时候，摩西奶奶却以七十几岁的高龄拿起画笔，开始作画。更让人惊叹的是，她获得了很大的成功，也因此而成为深受美国人民爱戴、得到美国总统赞誉，成为举世闻名的伟大画家。和摩西奶奶相比，作为年轻人，我们还有什么理由放弃自己的梦想，断言人生已经为时晚矣呢？太多人因为贪图人生的安逸和舒适，不愿意给自己任何小小的挑战，也因此而使自己变得颓废沮丧，完全放弃努力。

对于努力的时机，很多人都觉得只有趁着大学毕业走出校园之后，而在成家立业之前。他们总是说只有单身一人才是努力奋斗的好时机，否则一旦成立家庭有了孩子，就会分散精力，甚至因此而失去自我。不得不说，这样的观点完全是错误的，因为一个人哪怕结婚成家，或者如同摩西奶奶一样孙辈都已经很大了，也依然能够努力。

每个人心中的希望都不应该被时间扼杀。对于不同的人而言，时间推进的速度也是完全不同的。对于有的人而言，时间过得飞快；对于有的人而言，时间过得很慢。任何情况下，时间都不会停滞不前，这也就注定了人生也不应该停滞不前。记住，时间既不会多得用不完，也不会少得不够用。时间对于每个人都是公平的，每个人对于时间珍惜的程度，决定了他们把握时间的力度。

归根结底，到底何时努力才不算晚呢？实际上，努力何时开始都不算晚。如果你能在青春正好的时候努力奋斗，那么你就会更加觉得人生充满了希望。退一步而言，假如你不小心浪费了宝贵的青春时光，也不必觉得沮丧绝望。既然何时努力都不算晚，那么就让我们充满信心，果断地开始努力，迈出人生的第一步，这样才无愧于人生，也才能让人生真正扬帆起航。

你，远远比你想象中更强大

现实生活中，很多人都会觉得自己的力量很渺小，常常妄自菲薄。

实际上，每个人都有巨大的潜力，也远远比自己想象中更加强大。而之所以大多数人都很平庸，在生活中没有突出的表现，是因为他们都首先限制了自己，从而使得人生有了无法逾越的界限。在自我设定的界限面前，大多数人都选择止步不前，甚至突然间转身离去，从此之后再也不愿意突破自我。曾经有心理学家把跳蚤放入一个玻璃杯中，一开始跳蚤总是能够轻而易举就跳出玻璃杯口，后来心理学家用一片透明的玻璃盖住玻璃杯，就这样，跳蚤在尝试几次之后，便放弃努力，主动调整跳跃的高度，从而让自己不再触碰到玻璃。即使心理学家拿掉玻璃，跳蚤也依然故步自封，无法再跳到更高。做人不能像跳蚤一样，轻而易举就降低了自己的高度，只为了适应残酷的现实。

实际上，每个人都比自己想象中强大，最重要的在于人们要学会突破自己，挣脱内心的囚牢和束缚，才能让自己不断超越，取得质的飞跃和提升。人人都把力所能及挂在嘴边，似乎只要达到了自己的能力范围内的高度，就会自动放弃突破和超越。人生有太多的可能性，当我们突破人生，超越极限，才能马不停蹄继续在人生的路上奋勇向前。

生活中，有句话很多人都知道，但是只有真正当了母亲的人才能理解其中的含义，那就是“为母则刚”。当看着身边原本娇柔弱小的妻子突然间变得无比强大起来，男人们一定会感到震惊。没错，母爱是神奇且伟大的，迄今为止，很多朋友相信依然记得几十年前看过的电影《妈妈再爱我一次》。那个柔弱的女子，为了孩子不顾一切，甚至愿意付出自己的生命，只为了挽救因为生病而生命垂危的孩子。现实生活中，更多的男人发现，原本连矿泉水都拧不开的妻子，在有了孩子之后突然变成了大力士，甚至一个人抱起孩子一整天，也丝毫不觉得累。还有些更能干的妻子，能够单手抱着孩子，而腾出另外一只手来给孩子冲奶粉、做饭、倒水等等。看着一气呵成的一连串高难度动作，别说男人受到惊吓，就连女人自己也不知道自己到底是怎么了。这就是为母则刚，是女人在成为母亲之后，就激发了自身的潜能，从而才变得越发刚强。

自从考过驾照之后，小静从未开过车。实际上，小静考驾照非常顺利，各科考试也都顺利通过了，从未费过两次事。小静的老公开车技术也很好，根本不需要小静开车。就这样，小静的驾照崭新地躺在家中的抽屉里，几乎没有派上用场的时候。有的时候小静需要出门，老公也总是送小静到达目的地。每当身边有朋友或者家人询问小静不自己开车，小静总是以各种理由搪塞。被催促得急了，小静就说："我的极限就是挪车，我可不能开着那个铁家伙四处奔波。"渐渐地，亲戚朋友也不再催促小静真正开车了。

一段时间之后，老公被派去外地工作，长达一年之久。小静不由得犯愁起来：老公不在家，遇到刮风下雨的天气，我连开车去接孩子都不能，这可怎么办呢？被逼无奈，小静只好趁着老公还没有去外地，赶紧约陪驾，每天都挤出好几个小时来练车。在突击练习两个星期后，小静又让老公坐在副驾驶上，然后就战战兢兢开着那个庞然大物上路了。刚开的时候，小静的开车技术简直惨不忍睹，离开了陪练，她完全心中没底，而且再加上老公在旁边不满地提各种意见，她简直觉得快要崩溃了。后来，小静索性不要求老公坐在自己身边，就一个人开车上路，至少不被埋怨，内心还能专心平静些。就这样，等到老公真正离开家的时候，小静的驾驶技术已经勉强过关了。等到老公三个月后回家探亲时，小静开着车在人流密集的街道上穿行，简直如鱼得水。就因为没有依靠，小静成功突破了自己的极限，真正让自己的驾照派上了用场。

很多人都会和小静一样，给自己的人生设置极限。毋庸置疑，人生真的是存在极限的。然而，极限并非我们想象得那么低。很多时候，我们自以为是极限，实际上只是一个小小的坎，只要迈过去，就能打开人生的关卡，让人生进入豁然开朗的境地。

大多数情况下，人生的极限是因为诸如生理条件等客观条件限定的，而并非是由内心来限定。从这个角度而言，内心的限定是可以突破的，心若自在，生命也会变得安然。所以朋友们，永远也不要轻易限定自己，当你接连无数次限定自己的人生，那么不如更多一次尝试。正如一位大名鼎鼎的科学家所说，成功就是比失败更多一次。还记得发明大王爱迪生吗？在发明电灯的过程中，他尝试了一千多种材料作为灯丝，又进行了七千多次实验，找到最适合当灯丝的材料。就连助理都感到失望的时候，爱迪生却说“每一次失败，至少告诉我们哪种材料不适合当灯丝”。正是因为爱迪生的坚持，整个世界都更早地迎来了光明。所以朋友们，永远不要害怕再多尝试一次，当你真正努力去尝试，你会发现整个世界都会为你所折服。记住，你远远比自己想象得更强大，也要记住，成功就在通往极限的道路上。

觉得苦，就吃点儿糖吧

在漫长的人生坚持奋斗，从来不是一个好差事，注定要历经辛苦。然而，即使感受着痛苦，奋斗也依然是使人充满希望，能给人带来快乐的。正如人们常说的，痛并快乐着，虽然痛后面还有快乐二字，却是痛字当前。俗话说，人生不如意十之八九，每个人在人生的道路上都是充满坎坷曲折的，都需要竭尽全力，才能一步步慢慢地向前。

现代人无不承受着巨大的生存压力，不但生活节奏越来越快，职场上的竞争也日益激烈，就连孩子都要为了不输在起跑线上而拼命努力。尤其是在大城市中打拼，有多少人住在连手机信号都没有的地下室，又有多少人不得不披星戴月来回奔波四五个小时去上班，急促的生活和工作空间，飞速上涨的物价，使得人们几乎没有任何机会喘息。为此，很多在大城市漂着的人都感到后悔，觉得自己的人生之所以颠沛流离，就是因为当初决定来到大城市。

常言道，人生如同逆水行舟，不进则退。没错，人生的河水流湍急，如果始终停留在原地不能努力向前，那么很快就会跟随着河水倒退回去。如果能够一直保持进步的姿态，也许能够保持相对的速度。只有坚持努力，奋发向前，才能超越水流的速度取得进步。所以任何时候都不要抱怨，不要觉得人生辛苦。当觉得人生苦时，就吃点儿糖吧，这样人生才会有更好的未来，至少不会留下无可挽回的遗憾。

小龙年纪轻轻就事业有成，然而他并不开心。细心的朋友们会发现，这个世界上很多人的苦恼都与钱相关，但是快乐却与金钱并没有密切的关系。小龙也是如此，当他用钱解决了一切能够解决的问题，却发现自己远离了快乐。随着账户上的金额越来越高，他越发觉得内心空虚，有的时候想找个真心喝酒说话的人都找不到。

闲极无聊，小龙发起了同学聚会。在与同学相聚之初，小龙依然觉得内心苦闷，甚至不知道该如何与同学沟通。直到酒过三巡，他才渐渐放松，听到同学说了一个笑话，他便哈哈大笑起来，这一笑就笑出了眼泪。同学们怔怔地看着小龙，小龙好不容易停止笑声，说："很久以来，我都不曾这样笑过了。"同学们未免感慨，小龙这样的大老板，要说生活中没有笑声，有谁相信呢？看来，金钱与快乐并非成正比。同学们在一起感慨一番，也打趣小龙：以后如果想笑，就请我们吃饭，保证你瞬间变成开心果。实际上，谁又不知道自己心里的苦呢？俗话说，家家有本难念的经，每个人也有每个人的苦恼。唯有真正打开心结，让人生拥有更多的欢笑，才是正道。

一直以来，人们都觉得唯有用金钱满足自己，才能得到快乐。实际上，欲望是无底深渊，疯狂购物也只能带来麻木，在别人的恭维也无法激发起自己继续奋斗的决心之后，金钱就会变得非常苍白无力。虽然没有钱是万万不能的，但是金钱从来不是万能的。只有摆正金钱的位置，绝不受到金钱的奴役，我们才能在人生的道路上轻装上阵，一往无前。金钱能够买来床，却买不来好的睡眠；金钱能够买来婚姻，却买不来爱情；金钱能够买来昂贵的药品，却买不来健康；金钱能够买来陪伴，却买不来关切……这个世界上，有太多用金钱能够买来的东西，也有太多无论花费多少金钱也买不来的东西。唯有真正摆脱金钱的束缚，我们才能更好地战胜欲望，获得人生的自由与渴望。

也许此刻，你脚下的路并不好走，甚至颠沛流离，但是你必须勇敢地迈出每一步，才能给予人生更多的机会。当觉得苦不堪言，就停下脚步，品尝一点儿甜，这样你的人生才有更好的未来，也才能在最关键的时刻，获得意外惊喜的收获。且行且歌，与其哭着度过每一天，不如笑着度过每一天，这才是最好的迎接人生的状态。

未来的你，总会感谢现在失败的自己

你今天所走的每一步弯路，都是未来人生的捷径，你今天所承受的每一点一滴的痛苦，都是未来人生的经验。也许你今天走的路是错的，也许你今天所做的选择毫无意义，但是一切的经历都有自身的价值，那就是会让你的人生更从容坦然，也会让你的人生更坚定果敢。正如人们常说的，没有一段人生是白白经历的，不管什么情况下，都只有对人生尽心尽力，才能让自己勇往直前。

面对失败，人人都会感到伤心，每个人都渴望能够获得成功，而不想承受失败打击。为何在人生之中，总是会出现两极分化的局面呢？有的人走向成功，有的人与失败纠缠。实际上，这并非是因为人的天赋相差迥异，而是因为人生有太多的苦痛，需要慢慢地消化。而面对苦痛的态度，面对失败的姿态，则成为分水岭，让人生有截然不同的感触和未来。

面对人生的反复无常，有的人却依然天真地希望人生是一帆风顺的，相反，有的人则做好了迎接失败的准备，接受胜负输赢，也为人生奠定更坚强的基础。要知道，失败在所难免，乐观面对失败的人才是真正的强者，才能支撑起自己对人生更高的期望。如果面对失败一蹶不振，那么人生就此沉沦，再也没有任何希望能够赢得未来。只有坚强地面对失败，也找出失败的原因，才能踩着失败的阶梯不断向上，勇往直前。

举个简单的例子，朋友们马上就会理解失败的含义。例如学生参加考试，如果总是考一百分，在说明学习上用功努力的同时，也就无法暴露出学习上的短处和问题。如果没有考取满分也反而是好事情，正好把学习上的不足暴露出来，接下来才好弥补。人生的失败也是如此，就像不满的分数一样暴露出人生的短板或者通往成功的障碍，这样才能及时补足人生的缺陷，也让人生更趋近于圆满。

只要你以正确的态度面对失败，也积极地从失败中汲取经验和教训，发奋学习，最终有一天，你能够承受失败，也能够在失败中崛起。当人生因为失败变得更加厚重，当理想也因为失败而变得更加从容，迟早有一天，你会感谢失败，更深刻意识到失败在人生中不可取代的重要意义。

作为美国前总统，林肯无疑是与众不同的。这并非是因为他有总统的身份和地位，也是因为他在成功的外表之下，有着一颗从容坦然的心。林肯的命运非常坎坷，从小，他就与家人四处流浪，颠沛流离，为了维持生计，小小年纪的他就四处打工挣钱。后来，母亲因病离开人世，小小年纪的林肯更是孤苦无依。然而，林肯始终没有放弃努力，更不曾放弃人生的希望。

1832年，林肯参加州议员的竞选，结果以失败而告终，也因此而陷入失业的窘境。为了彻底改变窘迫的情况，林肯四处和亲戚朋友借钱，想要经商。然而，他根本不具备经商的天赋，不但赔光了本钱，还导致自己债务缠身。在经商之路上也四处碰壁的林肯，再次参选州议员，这次终于得到命运垂青，竞选成功。这鼓舞了林肯，让他以为人生之路从此铺开崭新的画卷。然而，后来林肯又遭受了很多打击，争取连任失败，失去未婚妻，又在接连几次竞选中失败。后人统计，林肯一生之中失败了三十多次，只有三次获得了成功。他的最后一次成功，就是在1860年成功当选美国总统，由此掀开了人生的新篇章。不可否认的是，假如林肯在失败中一蹶不振，那么他无论如何也无法成为美国总统。

从林肯的经历中，我们不难认清楚一个道理，那就是不管遭遇多少次失败，都要勇敢地站起来，从而才能继续向前。一旦在失败中一蹶不振，那么我们就会信心全无，也会彻底失去勇气。

毋庸置疑，人人都有可能遭遇失败，虽然人人都追求成功。每个人固然有梦想，要想实现梦想却要付出百倍的努力和辛苦。如果现实和梦想之间总是有荆棘，那么我们就要忍受着痛苦踏过荆棘，才能到达人生的彼岸。记住，失败是一种经验，也是一次学习的机会，更是人生的一道坎。唯有看淡失败，人生才能一往无前，获得成功。记住，未来的你，总有一天会感谢现在失败的自己。

参考文献

[1]景天.别再吃苦的年纪选择安逸[M].南昌：江西教育出版社，2016.

[2]汤木.你的努力，终将成就不可替代的自己[M].南昌：百花洲文艺出版社，2014.

[3]陈静.你努力的每一天，都是成功的前奏[M].天津：天津人民出版社，2015.

[4]李世强.现在你受的苦，必将照亮未来的每一步[M].上海：文汇出版社，2016.